まえがき

　本書を著(あらわ)すにあたって，できるだけ多くの大学の「統計学」に関する試験問題を集めることからスタートしました。それもできる限り最近のものを取り寄せることを旨としました。単位が取れるというタイトルからすれば当然の作業だったのですが，予想していたこととはいえ，その最大公約数を求める作業は簡単にはいきませんでした。経済商学系・理学工学系・医学薬学系・看護系などの大学や学部に固有の設問を，どのように総括していくかは，この分野が本来もつ裾野の広さと相俟(あいま)って，書けば書くほど発散し容易ではありませんでした。また，読者の皆さんが高校において学んだ確率・統計の履修度に相違が存在することも，その実情を最もよく知る者の一人だけに，どこまで筆を進めるかで悩む要因となりました。

　それでも，統計学のビギナーズマニュアルとして何とかまとめ上げることができたのは，かつて小生の教え子であった多くの方々の熱意あふれる協力と助言のおかげです。結果として，項目数は少々犠牲にしても，とにかく詳しい解説を心がけることによって，統計学の要諦となる部分については確実に理解できることを目指しました。演習問題もリアリティーを失わない範囲で，計算があまり面倒にならないように数値に配慮をしました。

　巷に氾濫する計算ソフトの基本的な使い方さえ覚えておけば，統計的数値の多くは入力したデータから容易に取り出せる時代ではあります。しかし，それらの数値がもつ定性的な意味合いを知らないとすると，一人歩きした数値に思考や決断までを支配されることにもなりかねません。用語の定義そのものを問いかける試験問題に，先生方の良心を見出すこともしばしばでした。確かに「学ぶことは，手段を知ることではなく，目標を見つけること」でしょう。

単位が取れる
統計ノート
西岡康夫
Yasuo Nishioka

講談社サイエンティフィク

本書で統計学を学ぼうとする方々には，何れも高校の数学Ⅱ・Bまでの範囲ですが，確率・個数処理(場合の数)・整関数の微分積分が既習であることを期待します。ただ，一部未習であっても読破することが困難にならないように配慮はしました。Reviewというサブファイルが本書中に登場しますが，そこが高校数学の内容です。読み始めて，文字通り復習の必要性を感じたら是非，高校の教科書に戻って下さい。急がば回れです。

　大学入試問題を素材に数学を教えて二十年になります。その間，教室で直接にお会いした方，あるいはテレビやラジオで間接的にでも関わることの出来た方々の数は，ちょっとした都市の人口にも迫ろうとしています。近年は僕自身のホームページを開いた関係もあってか，社会人や学生となられたかつての教え子である皆さんとも接点があります。教えてみて初めて気付かされることも，僕から学んだことを学生生活の中や社会に出てからの感想としてフィードバックして貰えることも格段に多いのです。

　そういう皆さんに後押しもされましたし，資料の収集を始めとする数数の協力を頂けたことに先ずは謝意を表したいと思います。分けても，本の企画段階から校正にいたるまでしっかりとサポートしてくれた宮地幸宏氏に感謝したいと思います。さらに，遅筆な小生に根気よく付き合って下さった講談社サイエンティフィクの三浦基広氏（実は両氏ともかつての教え子です）にもお礼申し上げたいと思います。

2004年10月

開耶荘にて記す
西岡康夫

目次

単位が取れる統計ノート
CONTENTS

PAGE

第1部 記述統計 … 7

- 講義 **01** 標本データとサンプリング … 8
- 講義 **02** 平均値・中央値・最頻値 … 18
- 講義 **03** 分散と標準偏差 … 26
- 講義 **04** 相関と相関係数1 … 38
- 講義 **05** 相関と相関係数2 … 48
- 講義 **06** 回帰直線と最小2乗法 … 58

第2部 統計的推測 … 75

- 講義 **07** 離散型確率変数 … 76

講義			PAGE
講義	08	さまざまな確率分布 1 ——一様分布・二項分布・ポアソン分布——	90
講義	09	連続型確率変数	108
講義	10	2 変数の確率分布	122
講義	11	正規分布	132
講義	12	さまざまな確率分布 2 ——t 分布・χ^2 分布・F 分布——	146
講義	13	統計的推定 1	156
講義	14	統計的推定 2 ——点推定——	164
講義	15	統計的推定 3 ——区間推定——	170
講義	16	統計的仮説検定 1	190
講義	17	統計的仮説検定 2	200

ブックデザイン——安田あたる

単位が取れる 統計ノート

第1部
記述統計

Take it *easy!*

講義 01 LECTURE 標本データとサンプリング

● 度数分布・度数分布表

ここに1つのデータがあります。

ある年度の洋画ビデオの販売本数 TOP 20

作品	A	B	C	D	E	F	G	H	I	J	K	L	M	N	O	P	Q	R	S	T
本数	5.0	3.7	4.4	6.2	5.1	5.3	6.8	7.9	4.6	4.8	5.9	6.6	5.4	5.6	3.0	6.9	4.2	6.1	5.3	6.4

(単位:万本)

このデータを眺めてみて,あなたは何を感じるでしょうか?

このままだと単なる似通った数字の羅列に過ぎないと思われるのではありませんか。それではせっかく集めたデータが生かされずもったいないので,この数字の集まり(母集団)を分析して,より有用な 情報 を取り出し,他の目的のために活用することにしましょう。

そのためには,まずこのデータの分析を目的に合わせて行う必要があります。その第一歩として,これらのデータをある程度, 分類 して 視覚化 したり, 特徴づける値を定義 したりして, 各データ群の特性 をつかんでみることにします。

ここからはそのための準備・定義です。

(i) 変量 …集団を構成するデータ(数量・数字)のこと。

例1:身長や体重などの, 連続して変化する値 (特に 連続変量 という)。

例2:本の売り上げ数や,ある駅の1日の乗降客数などのように, とびとびに変化する値 (特に 離散変量 という)。

👉 ここでは，**ビデオの販売本数**が変量にあたります。これは，離散変量となっています。

(ii) 階級…変量を一定幅の小区間に分けたときの区間のこと。

👉 ここでは，変量が 3.0 以上 ~ 8.0 未満 の値をとるので，試みに**区間の幅を 1.0** として分けてみることにします。

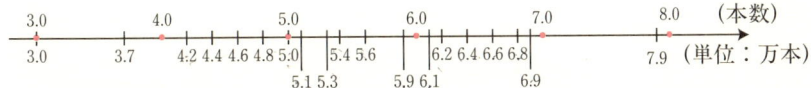

(iii) 階級値…$\dfrac{階級の両端の値を加えた値}{2}$ のこと。

👉 ここでは，

階 級	3.0以上～4.0未満	4.0以上～5.0未満	5.0以上～6.0未満	6.0以上～7.0未満	7.0以上～8.0未満
階級値	3.5 $\left(=\dfrac{3.0+4.0}{2}\right)$	4.5 $\left(=\dfrac{4.0+5.0}{2}\right)$	5.5 $\left(=\dfrac{5.0+6.0}{2}\right)$	6.5 $\left(=\dfrac{6.0+7.0}{2}\right)$	7.5 $\left(=\dfrac{7.0+8.0}{2}\right)$

となります。

(iv) 度数…各階級に含まれるデータの個数のこと。

👉 ここでは，

階 級	3.0以上～4.0未満	4.0以上～5.0未満	5.0以上～6.0未満	6.0以上～7.0未満	7.0以上～8.0未満
度 数	2	4	7	6	1

となります。

(v) 累積度数…小さい階級値をもつ階級から，順に度数を加えた数のこと。

👉 ここでは，

階 級	3.0以上～4.0未満	4.0以上～5.0未満	5.0以上～6.0未満	6.0以上～7.0未満	7.0以上～8.0未満
累積度数	2	6 (=2+4)	13 (=2+4+7)	19 (=2+4+7+6)	20 (=2+4+7+6+1)

となります。

(vi) **相対度数**…$\dfrac{各階級の度数}{全度数}$,つまり$\dfrac{各階級のデータ数}{全データ数}$のこと。

☞ ここでは,

階　級	3.0以上～4.0未満	4.0以上～5.0未満	5.0以上～6.0未満	6.0以上～7.0未満	7.0以上～8.0未満
度　数	2	4	7	6	1
相対度数	$\dfrac{2}{20}$	$\dfrac{4}{20}$	$\dfrac{7}{20}$	$\dfrac{6}{20}$	$\dfrac{1}{20}$

となります。

(vii) **累積相対度数**…小さい階級値をもつ階級から,順に相対度数を加えたもののこと。

☞ ここでは,

階　級	3.0以上～4.0未満	4.0以上～5.0未満	5.0以上～6.0未満	6.0以上～7.0未満	7.0以上～8.0未満
相対度数	$\dfrac{2}{20}$	$\dfrac{4}{20}$	$\dfrac{7}{20}$	$\dfrac{6}{20}$	$\dfrac{1}{20}$
累積相対度数	$\dfrac{2}{20}$	$\dfrac{6}{20}$ $\left(=\dfrac{2}{20}+\dfrac{4}{20}\right)$	$\dfrac{13}{20}$ $\left(=\dfrac{2}{20}+\dfrac{4}{20}+\dfrac{7}{20}\right)$	$\dfrac{19}{20}$ $\left(=\dfrac{2}{20}+\dfrac{4}{20}+\dfrac{7}{20}+\dfrac{6}{20}\right)$	$\dfrac{20}{20}$ $\left(=\dfrac{2}{20}+\dfrac{4}{20}+\dfrac{7}{20}+\dfrac{6}{20}+\dfrac{1}{20}\right)$

となります。

以上の(i)～(vii)の情報を,1つの表にまとめたものを,**度数分布表**といいます。

ある年度の洋画ビデオの販売本数 TOP 20 の度数分布表

階　級	3.0以上～4.0未満	4.0以上～5.0未満	5.0以上～6.0未満	6.0以上～7.0未満	7.0以上～8.0未満
階級値	3.5	4.5	5.5	6.5	7.5
度　数	2　　T	4　　正	7　　正T	6　　正一	1　　一
累積度数	2	6	13	19	20
相対度数	$\dfrac{2}{20}$	$\dfrac{4}{20}$	$\dfrac{7}{20}$	$\dfrac{6}{20}$	$\dfrac{1}{20}$
累積相対度数	$\dfrac{2}{20}$	$\dfrac{6}{20}$	$\dfrac{13}{20}$	$\dfrac{19}{20}$	$\dfrac{20}{20}(=1)$

この度数分布表の"度数"のところは,数字ではなく「正」の文字を用いて表現することもあります。

度数分布表の書き方

(i) データを大小の順に並び換える。

👉 ここでは,

5.0 3.7 4.4 6.2 5.1 5.3 6.8 7.9 4.6 4.8 5.9 6.6 5.4 5.6 3.0 6.9 4.2 6.1 5.3 6.4

⬇ 大小の順に並び換えると

3.0 3.7 4.2 4.4 4.6 4.8 5.0 5.1 5.3 5.3 5.4 5.6 5.9 6.1 6.2 6.4 6.6 6.8 6.9 7.9

小 ←――――――――――――――――――→ 大

となります。

(ii) データの中の最大値 max と最小値 min を取り出し, データの取り得る範囲 R を求める。

$$R = \max - \min$$

👉 ここでは max$=7.9$, min$=3.0$ となるので, $R=7.9-3.0=4.9$ となりますが, 少し余裕をもって, $R=5.0$ とします。

(iii) 階級の数 n（区間の数）を定め, 階級の幅：$\dfrac{R}{n}$ を求める。

階級の数 n の定め方として,
　スタージェスの公式：$n ≒ 1 + \dfrac{\log_{10}N}{\log_{10}2}$　（N：データの総数）
を用いる方法もあります。

👉 ここでは, $N=20$ なので, スタージェスの公式を用いると,

$$n ≒ 1 + \frac{\log_{10}20}{\log_{10}2}$$

$$= 1 + \frac{\log_{10}10 + \log_{10}2}{\log_{10}2}$$

対数の計算法則
$\log_{10}A \cdot B = \log_{10}A + \log_{10}B$

$$= 1 + \frac{1 + 0.301}{0.301}$$

$$= 5.322\cdots$$

となるので, $n=5$ とします。
　したがって, 階級の幅：$\dfrac{5.0}{5}=1.0$ となります。

(iv) 大小の順に並び換えたデータを,各階級に振り分ける。

データに基づいて,階級値,度数,累積度数,相対度数,累積相対度数を求め,1つにまとめて,**度数分布表**をつくります。

度数分布表

階　級	a_0以上〜a_1未満	a_1以上〜a_2未満	a_2以上〜a_3未満	……	a_{n-1}以上〜a_n未満
階級値	m_1	m_2	m_3	……	m_n
度　数	f_1	f_2	f_3	……	f_n
累積度数	f_1	f_1+f_2	$f_1+f_2+f_3$	……	$f_1+f_2+f_3+\cdots+f_n$
相対度数	$\dfrac{f_1}{N}$	$\dfrac{f_2}{N}$	$\dfrac{f_3}{N}$	……	$\dfrac{f_n}{N}$
累　積相対度数	$\dfrac{f_1}{N}$	$\dfrac{f_1+f_2}{N}$	$\dfrac{f_1+f_2+f_3}{N}$	……	$\dfrac{f_1+f_2+f_3+\cdots+f_n}{N}$

$$\left(N=f_1+f_2+f_3+\cdots+f_n,\ m_i=\dfrac{a_{i-1}+a_i}{2}\right)$$

実習問題 1-1

次のデータは，ある事業所（員数：30名）における健康診断で得られた血糖値（BS）のデータである（単位 mg/dl）。

109	89	93	120	75	103	98	106	136	112
107	78	95	80	162	116	93	88	102	90
48	70	99	115	93	82	112	57	94	88

このデータについて，度数分布表をつくれ。

解答＆解説

データを大小の順に並べ換えると，

(a)　　57　70　75　78　(b)　　82　88　88　89

90　93　93　93　94　(c)　　98　99　102　103

106　107　109　112　112　115　116　120　136　(d)

となる。このデータにおける最大値 max は (d)　　，最小値 min は

(a)　　である。よって，データの取り得る範囲 R は，

$$R = \boxed{(d)} - \boxed{(a)} = \boxed{(e)}$$

となる。

　次に階級の数 n を定める。
データの総数が30であることから，スタージェスの公式を用いて

$$n ≒ 1 + \frac{\log_{10} 30}{\log_{10} 2}$$

ここで，

$$\log_{10} 2 ≒ 0.301, \quad \log_{10} 3 ≒ 0.477$$

であることより，

> どうしても暗記しなければならない数字ではありませんが，$\log_{10} 2 ≒ 0.301$, $\log_{10} 3 ≒ 0.477$ は覚えておくと何かと役立ちます。

$$\log_{10}30 = \log_{10}10 \times 3$$
$$= \log_{10}10 + \log_{10}3$$
$$= 1 + \log_{10}3 \fallingdotseq \boxed{\text{(f)}}$$

> $\log_a A \cdot B = \log_a A + \log_a B$ です。

となるので,

$$n \fallingdotseq \boxed{\text{(g)}} \fallingdotseq 1 + 4.907 = 5.907$$

となる。よって，階級の数 n は $n=6$ と定められる。したがって，階級の幅は,

$$\frac{\boxed{\text{(e)}}}{6} = \boxed{\text{(h)}}$$

となるので，少し余裕をもたせて20とする。このとき6つの階級は,

45以上～65未満　65以上～85未満　85以上～105未満　105以上～125未満　125以上～145未満　145以上～165未満

と選ぶことができる。各階級値は順に,

$$55, 75, 95, 115, 135, 155$$

となる。

　以上より，求める度数分布表は

階　級	45以上～65未満	65以上～85未満	85以上～105未満	105以上～125未満	125以上～145未満	145以上～165未満
階級値						155
度　数					1	1
累積度数				28	29	30
相対度数			$\frac{13}{30}$	$\frac{8}{30}$	$\frac{1}{30}$	$\frac{1}{30}$
累積相対度数		$\frac{7}{30}$	$\frac{20}{30}$	$\frac{28}{30}$	$\frac{29}{30}$	$\frac{30}{30}$

となる。

(a) 48　(b) 80　(c) 95　(d) 162　(e) 114　(f) 1.477

(g) $1+\dfrac{1.477}{0.301}$　(h) 19

階　　級	45以上～65未満	65以上～85未満	85以上～105未満	105以上～125未満	125以上～145未満	145以上～165未満
階 級 値	55	75	95	115	135	155
度　　数	2	5	13	8	1	1
累積度数	2	7	20	28	29	30
相対度数	$\dfrac{2}{30}$	$\dfrac{5}{30}$	$\dfrac{13}{30}$	$\dfrac{8}{30}$	$\dfrac{1}{30}$	$\dfrac{1}{30}$
累　積相対度数	$\dfrac{2}{30}$	$\dfrac{7}{30}$	$\dfrac{20}{30}$	$\dfrac{28}{30}$	$\dfrac{29}{30}$	$\dfrac{30}{30}$

●ヒストグラム

前節で得られた"度数分布表"をより 視覚化 したものの1つに，これを棒グラフで表した**ヒストグラム**があります。

ヒストグラムは，横軸方向に変量(データの取り得る値)or階級をとり，縦軸方向に度数をとる棒グラフとなります。

☞ ここでは，"ある年度の洋画ビデオの販売本数 TOP 20"の度数分布表をもとにして，ヒストグラムを描いてみましょう。

階　級	3.0以上～4.0未満	4.0以上～5.0未満	5.0以上～6.0未満	6.0以上～7.0未満	7.0以上～8.0未満
階級値	3.5	4.5	5.5	6.5	7.5
度　数	2	4	7	6	1

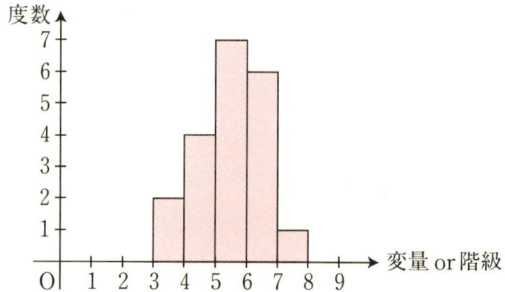

また，このグラフの長方形の，階級値の点を結んだ折れ線グラフを**度数分布多角形**と呼びます。

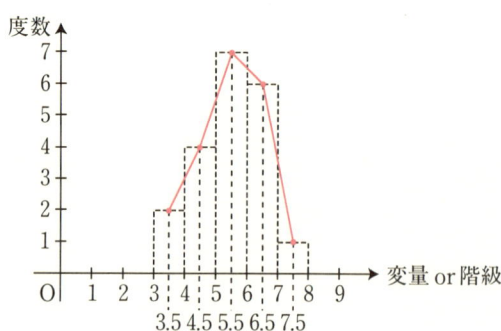

演習問題 1-1

次のデータ(実習問題 1-1 と同じデータ)は,ある事業所(員数:30名)における健康診断で得られた血糖値(BS)のデータである(単位 mg/dl)。

109	89	93	120	75	103	98	106	136	112
107	78	95	80	162	116	93	88	102	90
48	70	99	115	93	82	112	57	94	88

このデータについて,実習問題 1-1 の度数分布表をもとにヒストグラムをつくれ。

解答&解説

実習問題 1-1 より,このデータの度数分布表は次のとおりである。

階 級	45以上～65未満	65以上～85未満	85以上～105未満	105以上～125未満	125以上～145未満	145以上～165未満
階級値	55	75	95	115	135	155
度 数	2	5	13	8	1	1

よって,ヒストグラムは,

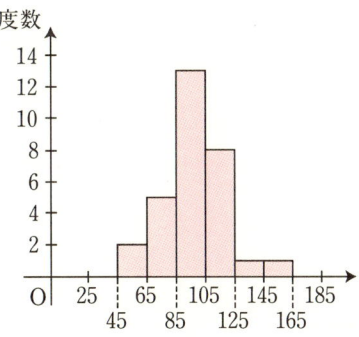

となる。

講義 LECTURE 02 | 平均値 中央値 最頻値

● 平均値・中央値・最頻値

講義1に登場した次のデータで構成される母集団には，どのような特徴があるのでしょうか!?

ある年度の洋画ビデオの販売本数 TOP 20

作品	A	B	C	D	E	F	G	H	I	J	K	L	M	N	O	P	Q	R	S	T
本数	5.0	3.7	4.4	6.2	5.1	5.3	6.8	7.9	4.6	4.8	5.9	6.6	5.4	5.6	3.0	6.9	4.2	6.1	5.3	6.4

(単位：万本)

その特徴を捉えることができれば，この母集団のことを**より適確に把握すること**ができそうです。では，母集団を特徴づける値について定義することにしましょう。

表で特徴のある値というと，まず最大値や最小値が挙げられます。最大値・最小値についての説明はもういりませんね？

次に目につくとしたら，**真ん中の値（中央値）**や登場する回数が多い値（**最頻値**），そして値として表の中に直接現れるとは限らないのですが，皆さんよくご存知の**平均値**などでしょう。

これらの値を平均値から定義していきます。

(i) **平均値**（母平均）μ（ミュー）…すべてのデータを加えた合計をデータの数で割った値のこと。

しかし，実際には与えられている 情報 によって表現方法が異なるので，多少，値が異なることになります。

①すべてのデータが与えられているとき：

$$\boxed{\text{データ}\ x_1, x_2, x_3, \cdots, x_N} \implies \text{平均値 } \mu = \frac{1}{N}\sum_{i=1}^{N} x_i$$

で計算します。

👉 "ビデオの販売本数" の場合，

$$
\begin{aligned}
(\text{平均値 } \mu) &= \frac{1}{20}(5.0+3.7+4.4+6.2+5.1+5.3+6.8 \\
&\quad +7.9+4.6+4.8+5.9+6.6+5.4+5.6 \\
&\quad +3.0+6.9+4.2+6.1+5.3+6.4) \\
&= 5.46
\end{aligned}
$$

となります。

②度数分布表が与えられているとき：

度数分布表

階　級	a_0 以上～a_1 未満	a_1 以上～a_2 未満	a_2 以上～a_3 未満	……	a_{n-1} 以上～a_n 未満
階級値	m_1	m_2	m_3	……	m_n
度　数	f_1	f_2	f_3	……	f_n

$$\implies \text{平均値 } \mu = \frac{1}{N}\sum_{i=1}^{n} m_i \cdot f_i$$
$$(\text{ただし，} N = f_1+f_2+\cdots+f_n)$$

で計算します。

　こちらの考え方は，「各階級に属するデータのすべてを，その階級における代表的な値である階級値として捉え直して "(階級に属するデータ数)＝(度数)" 分だけその値(＝階級値)がある」と考えたものです。

　確かにこの考え方によると，

$$(\text{①の平均値 } \mu) \neq (\text{②の平均値 } \mu)$$

となるときがあります。その場合は多少の誤差に目をつぶっても利便性を優先することになります。

　よって，「統計において平均値 μ を求めるときは，①，②のどちらの 条件 で考えるか」に注意して下さい。

👉 "ビデオの販売本数"の場合,

階　級	3.0以上～4.0未満	4.0以上～5.0未満	5.0以上～6.0未満	6.0以上～7.0未満	7.0以上～8.0未満
階級値	3.5	4.5	5.5	6.5	7.5
度　数	2	4	7	6	1

となるので，(平均値 μ)$=3.5\times2+4.5\times4+5.5\times7+6.5\times6+7.5\times1$
　　　　　　　　　　　　$=5.5$

となります。①の平均値 μ $=5.46$ ですから，この値は悪くない値だと思います。

> (ii)　**中央値 Me(メディアン)**…全データにおいて，
> (Me 以下の値となるデータの数) $=$ (Me 以上の値となるデータの数)
> を満たす値のこと。

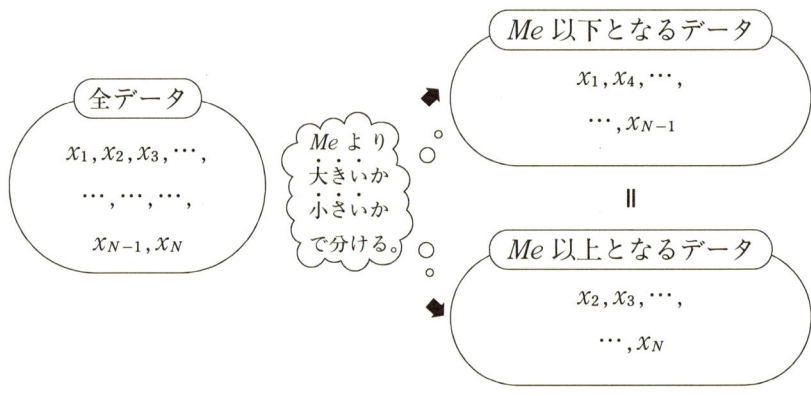

具体的には次の2つの定義があります。
① 全データを大小の順に並び換えたとき：全データ数を N とすると，

$$\begin{cases} \cdot N\text{ が奇数の場合：} Me=(\text{ちょうど真ん中の値}) \\ \cdot N\text{ が偶数の場合：} Me=(\text{真ん中2つの値の平均値}) \end{cases}$$

例1： データ：1, 2, **3**, 4, 5　　➡　∴　$Me=3$
　　　　　　　　真ん中の値

例2： データ：1, 2, **3, 4**, 5, 6　　➡　∴　$Me=\dfrac{3+4}{2}=3.5$
　　　　　　　　真ん中の値

👉 "ビデオの販売本数" の場合，$N=20$：偶数なので，

3.0 3.7 4.2 4.4 4.6 4.8 5.0 5.1 5.3 **5.3 5.4** 5.6 5.9 6.1 6.2 6.4 6.6 6.8 6.9 7.9

　　　　　　　　　　　　　　　　　真ん中の2つの値

となるので，(中央値 Me)$=\dfrac{5.3+5.4}{2}=5.35$ となります。

② 累積相対度数が 0.5 となるデータを含んでいる階級の階級値を Me とするとき：

👉 "ビデオの販売本数" の場合，

階　級	3.0以上～4.0未満	4.0以上～5.0未満	5.0以上～6.0未満	6.0以上～7.0未満	7.0以上～8.0未満
階級値	3.5	4.5	5.5	6.5	7.5
累積相対度数	$\dfrac{2}{20}$	$\dfrac{6}{20}$	$\dfrac{13}{20}$	$\dfrac{19}{20}$	$\dfrac{20}{20}$

上の表で，(累積相対度数)$=0.5\left(=\dfrac{10}{20}\right)$ となるデータを含んでいる階級は，5.0以上～6.0未満 の階級となり，階級値は 5.5 ですね。

> 注　～5.0未満までに含まれるデータの累積相対度数は，$\dfrac{6}{20}\left(<\dfrac{10}{20}\right)$ となっていることに注意して下さい。

よって，(中央値 Me)$=5.5$ となります。

(iii) **最頻値 Mo（モード）**…度数が最も大きい（つまり，登場回数が最も多い）データの値のこと。

最頻値にも2つの定義があります。
① 度数が最も大きいデータの値そのものを Mo とするとき：

👉 "ビデオの販売本数" の場合，

3.0 3.7 4.2 4.4 4.6 4.8 5.0 5.1 **5.3 5.3** 5.4 5.6 5.9 6.1 6.2 6.4 6.6 6.8 6.9 7.9

　　　　　　　　　　　　　登場回数が2回で最も多い。

となるので，(最頻値 Mo)$=5.3$ となります。

②**度数が最も大きいデータ**が含まれる階級の階級値を Mo とするとき：

👉 "ビデオの販売本数"の場合,

階　級	5.0 以上～6.0 未満
階級値	5.5

| 3.0 3.7 4.2 4.4 4.6 4.8 | 5.0 5.1 **5.3 5.3** 5.4 5.6 5.9 | 6.1 6.2 6.4 6.6 6.8 6.9 7.9 |

登場回数が2回で最も多い。

となるので，(最頻値 Mo)＝5.5 となります。

実習問題 2-1

次のデータ(実習問題 1-1 と同じデータ)は,ある事業所(員数:30名)における健康診断で得られた血糖値(BS)のデータである(単位 mg/dl)。

109	89	93	120	75	103	98	106	136	112
107	78	95	80	162	116	93	88	102	90
48	70	99	115	93	82	112	57	94	88

このデータについて,次の問いに答えよ。

(1) 平均値(μ)を求めよ。
(2) 中央値(Me)を求めよ。
(3) 最頻値(Mo)を求めよ。

解答 & 解説

(1) 全データの総和 $\sum_{i=1}^{30} x_i$ は,

$109+89+93+120+75+103+98+106+136+112$
$+107+78+95+80+162+116+93+88+102+90$
$+48+70+99+115+93+82+112+57+94+88 = \boxed{(a)}$

である。また,全データ数 N は $N = \boxed{(b)}$ なので,平均値は,

$$\mu = \frac{\sum_{i=1}^{30} x_i}{N} = \frac{\boxed{(a)}}{\boxed{(b)}} = \boxed{(c)}$$

となる。

ついでに度数分布表(実習問題 1-1)に基づいて,階級値を利用した平均値を求めると,

$$\frac{\sum_{k=1}^{6} m_k \cdot f_k}{N} = \frac{55\times2+75\times5+95\times13+115\times8+135\times1+155\times1}{30}$$
$$= 97.66\cdots$$

となる。

(2) データを大小の順に並べ換える(実習問題 1-1)と,
$$48, 57, \cdots, 94, 95, \cdots, 136, 162$$
となる。データ数が 30 (偶数) なので,中央値は,15 番目の (d) と 16 番目の (e) の平均をとって,
$$Me = \boxed{(f)}$$

(3) データを大小の順に並べ換えると,最も頻出する数は (g) である。よって,
$$Mo = \boxed{(g)}$$

(a) 2910　(b) 30　(c) 97　(d) 94　(e) 95　(f) 94.5　(g) 93

LECTURE 03 分散と標準偏差

●分散と標準偏差

ある年度の洋画ビデオの販売本数 TOP 20

作品	A	B	C	D	E	F	G	H	I	J	K	L	M	N	O	P	Q	R	S	T
本数	5.0	3.7	4.4	6.2	5.1	5.3	6.8	7.9	4.6	4.8	5.9	6.6	5.4	5.6	3.0	6.9	4.2	6.1	5.3	6.4

(単位:万本)

前回の講義で求めたように,このデータの平均値 μ は,

① $\mu = 5.46$ or ② $\mu = 5.5$

となっています。このように,このデータ群(母集団)を特徴づける値である平均値を求めたら,次に知りたいのは,「各データはこの平均値に対してどれくらい離れたところに配置されているか?」つまり,

各データが平均値の周りにどのように散らばっているか?

ではないでしょうか!?

代表値,そして,この**散らばり方**がわかれば,大体の**データの配置の仕方(分布状態)**がわかり,このデータ群によって構成される母集団の様子が理解できそうです。

それでは,この**散らばり方**を定義することにしましょう。

まずは**散らばり方**を図で表し,視覚化してみました。

●散らばり方

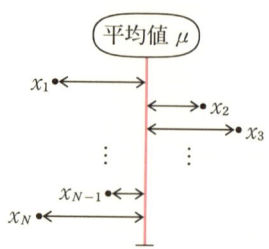

この図をもとに**散らばり方**を表す値を導入するならば，平均値と各データとの距離の和，すなわち，

$$|x_1-\mu|+|x_2-\mu|+|x_3-\mu|+\cdots+|x_{N-1}-\mu|+|x_N-\mu| \quad \cdots\cdots(*)$$

を考えるのが1つの手です。というのも，

> （$*$）の値が大きい $\Leftrightarrow$ 各データ x_i は平均値 μ の周りにかなり散らばっている。
>
> （$*$）の値が小さい $\Leftrightarrow$ 各データ x_i は平均値 μ の周りにあまり散らばっていない，つまり，集まっている。

といえそうだからです。しかし，絶対値が含まれていると，実際に計算をするときに絶対値をはずす作業があるので大変です。

　そこで，(平均値と各データとの距離)の2乗の和，すなわち，

$$|x_1-\mu|^2+|x_2-\mu|^2+|x_3-\mu|^2+\cdots+|x_{N-1}-\mu|^2+|x_N-\mu|^2$$
$$=(x_1-\mu)^2+(x_2-\mu)^2+(x_3-\mu)^2+\cdots+(x_{N-1}-\mu)^2+(x_N-\mu)^2$$

$$\because\ |A|^2=(A)^2=A^2 \qquad\qquad\qquad\qquad\qquad \cdots\cdots(**)$$

を使えば，**絶対値を考えない**で計算できます。

　ところで，このままでは（$**$）の値が非常に大きくなってしまうことがあるので，コンパクトにするために（$**$）を全データ数 N で割った値を考えることにしましょう。

　このように定めた値を**分散**といいます。

> (i) **分散（母分散）** $\overset{\text{シグマ}}{\sigma^2}$ …(平均値と各データとの距離)の2乗の和を**全データ数で割った値**のこと（σ^2 は V とも表す）。

　この値も与えられている 情報 によって2つの定義があります。

①すべてのデータが与えられているとき：

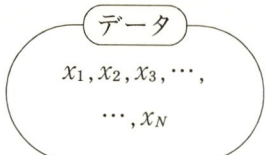

$$\text{分散 } \sigma^2 = \frac{1}{N}\sum_{i=1}^{N}(x_i-\mu)^2$$

定義式　　(μ：平均値)

で考えます。しかし，実際の計算では次の式を用いると便利です。

$$\text{分散 } \sigma^2 = \frac{1}{N}\sum_{i=1}^{N}x_i^2-\mu^2$$

計算式　　(μ：平均値)

$\left(\begin{array}{l} \because \ \boxed{\text{定義式}} \Rightarrow \boxed{\text{計算式}} \text{ の証明} \\[4pt] \quad \sigma^2 = \dfrac{1}{N}\sum_{i=1}^{N}\underbrace{(x_i-\mu)^2}_{x_i^2 - 2x_i\cdot\mu + \mu^2} = \dfrac{1}{N}\sum_{i=1}^{N}x_i^2 - 2\mu\cdot\underbrace{\dfrac{1}{N}\sum_{i=1}^{N}x_i}_{\mu} + \mu^2\cdot\underbrace{\dfrac{1}{N}\cdot\sum_{i=1}^{N}1}_{N} \\[6pt] \qquad\quad = \dfrac{1}{N}\sum_{i=1}^{N}x_i^2 - \mu^2 \end{array} \right)$

また，この計算式で計算するならば，

データ	x_1	x_2	x_3	……	x_N	合計 $\sum_{i=1}^{N}x_i$
(データ)^2	x_1^2	x_2^2	x_3^2	……	x_N^2	$\sum_{i=1}^{N}x_i^2$

のような表を準備しておくと素早く計算できます。

☞ "ビデオの販売本数" の場合，

データ	5.0	3.7	4.4	6.2	5.1	5.3	6.8	7.9	4.6	4.8	5.9	6.6	5.4	5.6	3.0	6.9	4.2	6.1	5.3	6.4	合計 109.2
(データ)^2	25.0	13.69	19.36	38.44	26.01	28.09	46.24	62.41	21.16	23.04	34.81	43.56	29.16	31.36	9.0	47.61	17.64	37.21	28.09	40.96	622.84

さらに，$N=20$，平均値 $\mu=5.46$ より，

$$\text{分散 } \sigma^2 = \underbrace{\frac{1}{20}\times 622.84}_{31.142} - \underbrace{(5.46)^2}_{29.8116} = 1.3304$$

となります。

②度数分布表が与えられているとき:

階級値 m	m_1	m_2	m_3	……	m_{n-1}	m_n
度数 f	f_1	f_2	f_3	……	f_{n-1}	f_n

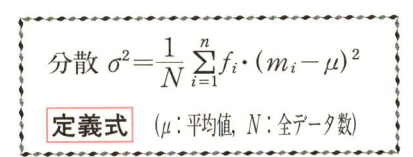

➡

分散 $\sigma^2 = \dfrac{1}{N}\sum_{i=1}^{n} f_i \cdot (m_i - \mu)^2$

定義式 (μ:平均値, N:全データ数)

⬇

分散 $\sigma^2 = \dfrac{1}{N}\sum_{i=1}^{n} f_i \cdot m_i^2 - \mu^2$

計算式 (μ:平均値, N:全データ数)

$\left(\because \boxed{\text{定義式}} \Rightarrow \boxed{\text{計算式}} \text{ の証明}\right.$

$$\sigma^2 = \frac{1}{N}\sum_{i=1}^{n} f_i \cdot \underbrace{(m_i - \mu)^2}_{m_i^2 - 2m_i \cdot \mu + \mu^2} = \frac{1}{N}\sum_{i=1}^{n} f_i \cdot m_i^2 - 2\mu \cdot \underbrace{\frac{1}{N}\sum_{i=1}^{n} f_i \cdot m_i}_{\mu} + \mu^2 \cdot \underbrace{\frac{1}{N}\sum_{i=1}^{n} f_i}_{N}$$

$$= \frac{1}{N}\sum_{i=1}^{n} f_i \cdot m_i^2 - \mu^2 \left.\right)$$

また,この計算式で計算するならば,

						合計
階級値 m	m_1	m_2	m_3	……	m_n	$\sum_{i=1}^{n} m_i$
度数 f	f_1	f_2	f_3	……	f_n	$\sum_{i=1}^{n} f_i$
$m \cdot f$	$m_1 \cdot f_1$	$m_2 \cdot f_2$	$m_3 \cdot f_3$	……	$m_n \cdot f_n$	$\sum_{i=1}^{n} m_i \cdot f_i$
$m^2 \cdot f$	$m_1^2 \cdot f_1$	$m_2^2 \cdot f_2$	$m_3^2 \cdot f_3$	……	$m_n^2 \cdot f_n$	$\sum_{i=1}^{n} m_i^2 \cdot f_i$

のような表を準備しておくと素早く計算できます。

☞ "ビデオの販売本数"の場合,

						合計
階級値 m	3.5	4.5	5.5	6.5	7.5	27.5
度数 f	2	4	7	6	1	20
$m \cdot f$	7.0	18.0	38.5	39.0	7.5	110
$m^2 \cdot f$	24.5	81.0	211.75	253.5	56.25	627

となります。

さらに，

$N=20$, 平均値 $\mu = \dfrac{1}{20}(3.5 \times 2 + 4.5 \times 4 + 5.5 \times 7 + 6.5 \times 6 + 7.5 \times 1)$
$\qquad\qquad\quad = 5.5$

より，

$$\text{分散 } \sigma^2 = \underbrace{\dfrac{1}{20} \times 627}_{31.35} - \underbrace{(5.5)^2}_{30.25} = 1.1$$

となります。

ところで，分散の単位は定義からデータの単位を2乗したものとなります。そこで，データの単位と揃えるために分散を $\sqrt{}$ (ルート) したものを**標準偏差**といい，用意します。

> (ii) 標準偏差 $\sigma \cdots \sqrt{(\text{分散})}$ となる値のこと。

①すべてのデータが与えられているとき：

$$\text{分散 } \sigma^2 = \dfrac{1}{N}\sum_{i=1}^{N} x_i^2 - \mu^2 \text{ より, 標準偏差 } \sigma = \sqrt{\sigma^2}$$

☞ "ビデオの販売本数" の場合，分散 $\sigma^2 = 1.3304$ より，標準偏差 $= \sqrt{1.3304} \fallingdotseq 1.15$ となります。

②度数分布表が与えられているとき：

$$\text{分散 } \sigma^2 = \dfrac{1}{N}\sum_{i=1}^{n} f_i \cdot m_i^2 - \mu^2 \text{ より, 標準偏差 } \sigma = \sqrt{\sigma^2}$$

☞ "ビデオの販売本数" の場合，分散 $\sigma^2 = 1.1$ より，標準偏差 $= \sqrt{1.1} \fallingdotseq 1.05$ となります。

実習問題 3-1

次のデータ(実習問題 1-1 と同じデータ)は,ある事業所(員数:30 名)における健康診断で得られた血糖値(BS)のデータである(単位 mg/dl)。

109	89	93	120	75	103	98	106	136	112
107	78	95	80	162	116	93	88	102	90
48	70	99	115	93	82	112	57	94	88

このデータについて,次の問いに答えよ。

(1) 分散 σ^2 を求めよ。
(2) 標準偏差 σ を求めよ。

解答 & 解説

(1) 実習問題 2-1 で求めたように,このデータの平均 μ は $\mu=97$ である。

分散 σ^2 は定義より

$$\sigma^2 = \frac{\sum_{i=1}^{30}(x_i-\mu)^2}{N}$$

で与えられる。データを大小の順に並べ換えた上で,$\sum_{i=1}^{30}(x_i-\mu)^2$ を求めると,

$$\begin{aligned}
\sum_{i=1}^{30}(x_i-\mu)^2 &= (48-97)^2 + (57-97)^2 + \boxed{(a)} + (75-97)^2 \\
&\quad + (78-97)^2 + (80-97)^2 + (82-97)^2 + (88-97)^2 \\
&\quad + (88-97)^2 + (89-97)^2 + (90-97)^2 + (93-97)^2 \\
&\quad + (93-97)^2 + (93-97)^2 + (94-97)^2 + (95-97)^2 \\
&\quad + (98-97)^2 + (99-97)^2 + (102-97)^2 + (103-97)^2 \\
&\quad + \boxed{(b)} + (107-97)^2 + (109-97)^2 \\
&\quad + (112-97)^2 + (112-97)^2 + (115-97)^2 + (116-97)^2 \\
&\quad + (120-97)^2 + (136-97)^2 + (162-97)^2
\end{aligned}$$

$$= 2401+1600+\boxed{(c)}+484+361+289+225$$
$$+81+81+64+49+16+16+16+9+4+1+4$$
$$+25+36+\boxed{(d)}+100+144+225+225$$
$$+324+361+529+1521+4225$$
$$=\boxed{(e)}$$

また，$N=\boxed{(f)}$ なので，

$$\sigma^2 = \boxed{(g)} = 474.2$$

である。

$$\left(\begin{array}{l}\text{ちなみに } \sigma^2 = \dfrac{1}{N}\sum_{i=1}^{N}x_i^2 - \mu^2 \text{ という} \boxed{\text{計算式}} \text{を使えば，もう少し簡単に求めるこ}\\ \text{とができます。}\\ \begin{cases}\dfrac{1}{N}\sum_{i=1}^{N}x_i^2 = \dfrac{1}{30}(48^2+57^2+70^2+\cdots+162^2) = 9883.2\\ \mu^2 = 97^2 = 9409\end{cases}\\ \qquad\qquad \therefore\quad \sigma^2 = 9883.2 - 9409 = 474.2\end{array}\right)$$

(2) 標準偏差 σ は $\sqrt{\sigma^2}$ なので，

$$\sigma = \sqrt{\sigma^2} = \sqrt{474.2} \fallingdotseq \boxed{(h)}$$

である。

(a) $(70-97)^2$ (b) $(106-97)^2$ (c) 729 (d) 81 (e) 14226

(f) 30 (g) $\dfrac{14226}{30}$ (h) 21.78

●平均と分散の計算

> (i) 　変量 x（平均 $\bar{x}$）　　　の2つの変量が，
> 　　　変量 y（平均 $\bar{y}$）
> $$y = a \cdot x + b \quad (a, b：変量 x, y とは無関係な値)$$
> という関係式を満たすとき，
> $$\bar{y} = a \cdot \bar{x} + b$$
> が成り立ちます。

証明　変量 x, y が関係式：$y = ax + b$ を満たすとは，

$$\begin{cases} 変量 \, x：\boxed{x_1} \quad x_2 \quad x_3 \quad \cdots \quad \boxed{x_i} \quad \cdots \quad x_N \implies 平均 \, \bar{x} = \frac{1}{N}\sum_{i=1}^{N} x_i \\ 変量 \, y：\boxed{y_1} \quad y_2 \quad y_3 \quad \cdots \quad \boxed{y_i} \quad \cdots \quad y_N \implies 平均 \, \bar{y} = \frac{1}{N}\sum_{i=1}^{N} y_i \end{cases}$$

$\downarrow$ 　　　　　　　　$\downarrow$

$\boxed{\begin{array}{c} y_1 = ax_1 + b \\ が成立 \end{array}}$ 　$\cdots$ 　$\boxed{\begin{array}{c} y_i = ax_i + b \\ が成立 \end{array}}$ 　$\cdots$

が成り立つことです。このとき，

$$\bar{y} = \frac{1}{N}\sum_{i=1}^{N} y_i = \frac{1}{N}\sum_{i=1}^{N}(ax_i + b) = \frac{1}{N}\cdot\left(a\cdot\sum_{i=1}^{N}x_i + b\cdot\sum_{i=1}^{N}1\right)$$

$$= a\cdot\underbrace{\frac{1}{N}\sum_{i=1}^{N}x_i}_{\bar{x}} + \frac{1}{N}\cdot bN = a\bar{x} + b \qquad \underbrace{1+1+1+\cdots+1}_{N\text{回加える!}} = N$$

$$\therefore \quad \bar{y} = a\bar{x} + b \qquad \text{【証明終わり】}$$

☞ 次の計算は，あまりよい例ではありませんが，例えば"ある年度の洋画ビデオの販売本数"を実際より多く見せたいとき（つまり，水増ししたいとき），各作品の販売本数を2倍して，0.5万本のゲタをはかせると，そのときの平均 $\bar{y}$ は，$\bar{y} = a\cdot\bar{x} + b$ より，

$$\bar{y} = 2\cdot\underbrace{\bar{x}}_{\mu = 5.46} + 0.5 = 2 \times 5.46 + 0.5 = 11.42 \,(万本)$$

とすることができるわけです。

講義03●分散と標準偏差

(ii) 変量 x (平均 $\bar{x}$, 分散 σ_x^2, 標準偏差 σ_x)
　　変量 y (平均 $\bar{y}$, 分散 σ_y^2, 標準偏差 σ_y) の2つの変量が,
$$y = a \cdot x + b \quad (a, b：変量\ x, y\ とは無関係な値)$$
という関係式を満たすとき,
$$\begin{cases} \sigma_y^2 = a^2 \cdot \sigma_x^2 \\ \sigma_y = \sqrt{a^2 \cdot \sigma_x^2} = a \cdot \sigma_x \end{cases}$$
が成り立ちます。

証明

$$\begin{cases} 変量\ x：x_1, x_2, x_3, \cdots, x_i, \cdots, x_N \\ 変量\ y：y_1, y_2, y_3, \cdots, y_i, \cdots, y_N \end{cases}$$

において, $y_i = a \cdot x_i + b$, $\bar{y} = a \cdot \bar{x} + b$ が成り立つので,

$$\sigma_y^2 = \frac{1}{N} \sum_{i=1}^{N} (y_i - \bar{y})^2$$

$$= \frac{1}{N} \sum_{i=1}^{N} \{(a \cdot x_i + b) - (a \cdot \bar{x} + b)\}^2$$

$$= \frac{1}{N} \sum_{i=1}^{N} a^2 \cdot (x_i - \bar{x})^2 = a^2 \cdot \underbrace{\frac{1}{N} \sum_{i=1}^{N} (x_i - \bar{x})^2}_{= \sigma_x^2}$$

$$= a^2 \cdot \sigma_x^2$$

$$\therefore \quad \sigma_y^2 = a^2 \cdot \sigma_x^2$$

$$\therefore \quad \sigma_y = a \cdot \sigma_x \qquad \text{【証明終わり】}$$

☞(i)と同じようにゲタをはかせると(販売本数を2倍にして, 0.5万本加える), そのときの分散 σ_y^2 と標準偏差 σ_y は,

$$\sigma_y^2 = 2^2 \cdot (1.3304)^2 \fallingdotseq 7.0799$$

$$\sigma_y = \sqrt{\sigma_y^2} = \sqrt{2^2 \cdot (1.3304)^2} = 2.6608 (万本)$$

となるわけです。

●共分散

> (i) 変量 x（平均 $\bar{x}$）
> 変量 y（平均 $\bar{y}$） の2つの変量に対して,
>
> $$\text{共分散}: \sigma_{xy} = \frac{1}{N}\sum_{i=1}^{N}(x_i - \bar{x})(y_i - \bar{y})$$
>
> と定めます。ただし，変量 $x = x_1, \cdots, x_N$, $y = y_1, \cdots, y_N$ とします。

共分散は，変量 x と変量 y が**どのような関係にあるか**(つまり，お互いに影響を及ぼすか・及ぼさないか)を調べるために導入された値といえます。具体的なことは次講以降で相関係数と一緒に勉強します。

共分散といわれる所以(ゆえん)は，$y = x$ となるとき

$$\text{共分散}: \sigma_{xx} = \frac{1}{N}\sum_{i=1}^{N}(x_i - \bar{x})^2 = \underbrace{\sigma_x^2}_{\text{“分散!”}}$$

となるところにあります。

> (ii) 共分散の **計算式**
>
> $$\text{共分散}: \sigma_{xy} = \frac{1}{N}\sum_{i=1}^{N}(x_i - \bar{x})(y_i - \bar{y}) \quad \triangleleft\text{定義式!}$$
>
> $$= \frac{1}{N}\sum_{i=1}^{N}x_i \cdot y_i - \bar{x}\cdot\bar{y} \quad \triangleleft\text{計算式!}$$

証明
$$\sigma_{xy} = \frac{1}{N}\sum_{i=1}^{N}(x_i - \bar{x})(y_i - \bar{y}) = \frac{1}{N}\sum_{i=1}^{N}(x_i\cdot y_i - x_i\cdot\bar{y} - \bar{x}\cdot y_i + \bar{x}\cdot\bar{y})$$

$$= \frac{1}{N}\sum_{i=1}^{N}x_i\cdot y_i - \bar{y}\cdot\underbrace{\frac{1}{N}\sum_{i=1}^{N}x_i}_{=\bar{x}} - \bar{x}\cdot\underbrace{\frac{1}{N}\sum_{i=1}^{N}y_i}_{=\bar{y}} + \bar{x}\cdot\bar{y}\cdot\underbrace{\frac{1}{N}\sum_{i=1}^{N}1}_{=N}$$

（"定数!" が3ヵ所）

$$= \frac{1}{N}\sum_{i=1}^{N}x_i\cdot y_i - \bar{y}\cdot\bar{x} - \bar{x}\cdot\bar{y} + \bar{x}\cdot\bar{y}$$

$$= \frac{1}{N}\sum_{i=1}^{N}x_i\cdot y_i - \bar{x}\cdot\bar{y} \qquad\text{【証明終わり】}$$

実習問題 3-2

次の表は，あるターミナル駅周辺における単身者向けの新築賃貸物件の，駅からの所要時間(徒歩)と賃料に関する表である。

所要時間(分)	3	3	5	6	6	7	9	12	14	15
賃料(万円)	13.2	12	12.5	11	11.5	10.5	10	9.7	9	8.6

このデータについて共分散を求めよ。

解答 & 解説

所要時間を変量 x_i，賃料を変量 y_i とする。

変量 x_i は，$x_1=3$, $x_2=3$, $x_3=5$, …, $x_9=14$, $x_{10}=15$ なので，その平均 $\bar{x}$ は

$$\bar{x} = \frac{3+3+5+6+6+7+9+12+14+15}{10} = \boxed{\text{(a)}}$$

となり，変量 y の平均 $\bar{y}$ は

$$\bar{y} = \frac{13.2+12+12.5+11+11.5+10.5+10+9.7+9+8.6}{10} = \boxed{\text{(b)}}$$

となる。よって，

$$\sum_{i=1}^{10}(x_i-\bar{x})(y_i-\bar{y})$$

$= (3-8) \times (13.2-10.8) + (3-8) \times (12-10.8)$

$\quad + (5-8) \times (12.5-10.8) + \boxed{\text{(c)}}$

$\quad + (6-8) \times (11.5-10.8) + (7-8) \times (10.5-10.8)$

$\quad + (9-8) \times (10-10.8) + \boxed{\text{(d)}}$

$\quad + (14-8) \times (9-10.8) + (15-8) \times (8.6-10.8)$

$= -5 \times 2.4 - 5 \times 1.2 - 3 \times 1.7 - \boxed{\text{(e)}} - 2 \times 0.7 - 1 \times (-0.3)$

$\quad + 1 \times (-0.8) + \boxed{\text{(f)}} + 6 \times (-1.8) + 7 \times (-2.2)$

$= -12 - 6 - 5.1 - \boxed{\text{(g)}} - 1.4 + 0.3 - 0.8 - \boxed{\text{(h)}} - 10.8 - 15.4$

$$= \boxed{\text{(i)}}$$

である．したがって，求める共分散 σ_{xy} は，

$$\sigma_{xy} = \frac{1}{10}\sum_{i=1}^{10}(x_i - \bar{x})(y_i - \bar{y}) = \boxed{\text{(j)}}$$

となる．

$\left(\begin{array}{l}\text{この計算はいささか面倒です．そこで，}\boxed{\text{計算式}}\ \sigma_{xy} = \dfrac{1}{N}\sum_{i=1}^{N}x_iy_i - \bar{x}\cdot\bar{y}\\ \text{を使うことを考えると，}\\ \dfrac{1}{10}\sum_{i=1}^{10}x_iy_i = \dfrac{1}{10}(3\times 13.2 + 3\times 12 + 5\times 12.5 + 6\times 11 + \cdots + 14\times 9 + 15\times 8.6)\\ \qquad\qquad\quad = \dfrac{1}{10}(39.6 + 36 + 62.5 + 66 + 69 + 73.5 + 90 + 116.4 + 126 + 129)\\ \qquad\qquad\quad = 80.8\\ \qquad \bar{x}\cdot\bar{y} = 8\times 10.8\\ \qquad\qquad = 86.4\\ \text{なので，}\\ \qquad\qquad\qquad\qquad 80.8 - 86.4 = -5.6\\ \text{と求めることができます．}\end{array}\right.$

....
(a)　8　　(b)　10.8　　(c)　$(6-8)\times(11-10.8)$　　(d)　$(12-8)\times(9.7-10.8)$
(e)　2×0.2　　(f)　$4\times(-1.1)$　　(g)　0.4　　(h)　4.4　　(i)　-56
(j)　-5.6

講義 LECTURE 04 相関と相関係数 1

●相関と相関係数

次のデータは，あるアーティストの最新 CD の，各 CD ショップにおけるさまざまなデータです。

(i)
店	A	B	C	D	E	F	G	H	I	J
売り上げ	1	5	2	4	5	1	3	2	4	3

$\begin{pmatrix} ただし，売り上げ枚数を次で表すとします。\\ 〜50 枚 _{未満}：1,\ 50 枚 _{以上}〜100 枚 _{未満}：2,\ 100 枚 _{以上}〜150 枚 _{未満}：3, \\ 150 枚 _{以上}〜200 枚 _{未満}：4,\ 200 枚 _{以上}〜：5 \end{pmatrix}$

(ii)
店	A	B	C	D	E	F	G	H	I	J
店内で曲を流す回数	2	4	2	4	5	1	2	3	3	3

$\begin{pmatrix} ただし，回数を次で表すとします。\\ 〜5 回 _{未満}：1,\ 5 回 _{以上}〜10 回 _{未満}：2,\ 10 回 _{以上}〜15 回 _{未満}：3, \\ 15 回 _{以上}〜20 回 _{未満}：4,\ 20 回 _{以上}〜：5 \end{pmatrix}$

(iii)
店	A	B	C	D	E	F	G	H	I	J
返品率	5	1	4	2	2	4	3	3	3	2

$\begin{pmatrix} ただし，返品率を次で表すとします。\\ 〜5 \% _{未満}：1,\ 5 \% _{以上}〜10 \% _{未満}：2,\ 10 \% _{以上}〜15 \% _{未満}：3, \\ 15 \% _{以上}〜20 \% _{未満}：4,\ 20 \% _{以上}〜：5 \end{pmatrix}$

(iv)
店	A	B	C	D	E	F	G	H	I	J
メインの購買層	3	4	2	5	1	1	5	4	3	2

$\begin{pmatrix} ただし，メインの購買層を次で表すとします。\\ 〜10 代：1,\ 20 代：2,\ 30 代：3,\ 40 代：4,\ 50 代〜：5 \end{pmatrix}$

(v)

店	A	B	C	D	E	F	G	H	I	J
店舗面積	4	3	5	1	2	2	5	1	5	1

$$\left(\begin{array}{l} \text{ただし，店舗面積}(\text{m}^2)\text{を次で表すとします．} \\ \sim 5\times 5 \text{ 未満}:1,\ 5\times 5 \text{ 以上}\sim 10\times 10 \text{ 未満}:2,\ 10\times 10 \text{ 以上}\sim 15\times 15 \text{ 未満}:3, \\ 15\times 15 \text{ 以上}\sim 20\times 20 \text{ 未満}:4,\ 20\times 20 \text{ 以上}\sim\ :5 \end{array} \right)$$

これら(i)〜(v)の各データを眺めてみて，これらの数値間に，

何らかのつながり・関係性がないのかな？

と気になりませんか．

　もし何らかの関係があり，その関係を見つけることができれば，より多角的にデータを分析することができそうです．

　それではこの関係を取り出しやすいように，1つの 視点 を与えることにしましょう．具体的にいうと，各データ群を理解しやすいように 視覚化 するわけです．

　(i)〜(v)の各データ群のうち，1つのデータ群(例："売り上げ")を x 軸に割り振り，もう1つのデータ群(例："返品率")を y 軸に割り振って，各々のデータを xy 平面上の，点の1つとしてプロット してみます．

　このようにすると，同時に2つのデータ群(例："売り上げ"と"返品率")を取り扱えるよう 視覚化 でき，そこに浮かび上がる新たな 情報 を手に入れることができそうですね．

プロットの方法

データ群 A, B があり，各々に含まれるデータを x_i, y_i ($i=1, 2, 3, \cdots$) とするとき

A	x_1	x_2	x_3	……
B	y_1	y_2	y_3	……

これらのデータを，点 $(A, B) = (\underset{\text{"}x\text{座標"}}{x_i}, \underset{\text{"}y\text{座標"}}{y_i})$ として xy 座標に表します。

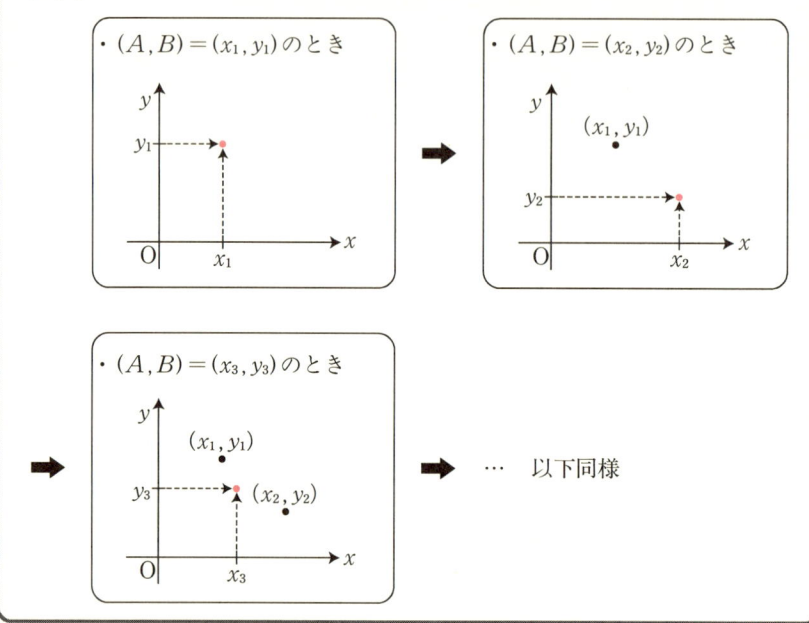

- $(A, B) = (x_1, y_1)$ のとき
- $(A, B) = (x_2, y_2)$ のとき
- $(A, B) = (x_3, y_3)$ のとき
- … 以下同様

一般に，複数のデータ間の相互の関連性を調べることを**相関**(correlation)を調べるといい，それらのデータを座標平面上の点として表したものを**散布図**(scatter diagram)または**相関図**(correlation diagram)といいます。

注 相関の概念は，英国の遺伝学者 F・ゴールトンにより発案・展開され，同じく英国の統計学者 K・ピアソンにより体系化されました。

(i)～(v)の各データを用いて散布図を描くことにしましょう。

具体的には，CDの"売り上げ"と"その他の項目((ii)～(v))"の相関を調べます。しかしその前に，1つ定義式を導入します。

相関係数 r (correlation coefficient)

$$r = \frac{\sum_{i=1}^{N}(x_i - \bar{x})(y_i - \bar{y})}{\sqrt{\sum_{i=1}^{N}(x_i - \bar{x})^2}\sqrt{\sum_{i=1}^{N}(y_i - \bar{y})^2}}$$

本講では，散布図を描くのと同時に，相関係数の値を計算します。相関係数の意味や役割については後で述べます。

① CDの"売り上げ"と"店内で曲を流す回数"の相関

店	A	B	C	D	E	F	G	H	I	J
売り上げ	1	5	2	4	5	1	3	2	4	3
店内で曲を流す回数	2	4	2	4	5	1	2	3	3	3

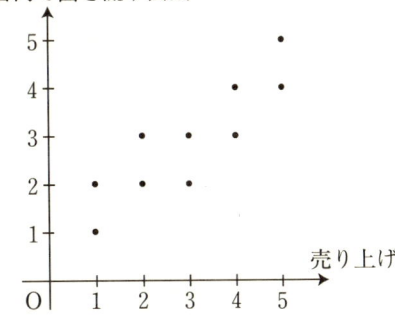

ここでは，各店の"売り上げ"を変量 x_i，"店内で曲を流す回数"を変量 y_i としてとります。

このとき

$$\begin{cases} \bar{x} = \dfrac{1}{10}(1+5+2+4+5+1+3+2+4+3) = 3 \\ \bar{y} = \dfrac{1}{10}(2+4+2+4+5+1+2+3+3+3) = 2.9 \end{cases}$$

となるので,

$$\sum_{i=1}^{10}(x_i-\bar{x})^2 = (1-3)^2+(5-3)^2+(2-3)^2+(4-3)^2+(5-3)^2$$
$$+(1-3)^2+(3-3)^2+(2-3)^2+(4-3)^2+(3-3)^2$$
$$=20$$

$$\sum_{i=1}^{10}(y_i-\bar{y})^2 = (2-2.9)^2+(4-2.9)^2+(2-2.9)^2+(4-2.9)^2$$
$$+(5-2.9)^2+(1-2.9)^2+(2-2.9)^2+(3-2.9)^2$$
$$+(3-2.9)^2+(3-2.9)^2$$
$$=12.9$$

$$\sum_{i=1}^{10}(x_i-\bar{x})(y_i-\bar{y}) = (1-3)(2-2.9)+(5-3)(4-2.9)$$
$$+(2-3)(2-2.9)+(4-3)(4-2.9)$$
$$+(5-3)(5-2.9)+(1-3)(1-2.9)$$
$$+(3-3)(2-2.9)+(2-3)(3-2.9)$$
$$+(4-3)(3-2.9)+(3-3)(3-2.9)$$
$$=14$$

これより,

$$\text{相関係数 } r = \frac{14}{\sqrt{20}\sqrt{12.9}} \fallingdotseq 0.9$$

となります。

② CDの"売り上げ"と"返品率"の相関

店	A	B	C	D	E	F	G	H	I	J
売り上げ	1	5	2	4	5	1	3	2	4	3
返品率	5	1	4	2	2	4	3	3	3	2

このとき,各店の"売り上げ"を変量 x_i, "返品率"を変量 y_i としてとると,

$$\bar{x}=3,\ \bar{y}=2.9,\ \sum_{i=1}^{10}(x_i-\bar{x})^2=20,\ \sum_{i=1}^{10}(y_i-\bar{y})^2=12.9,$$
$$\sum_{i=1}^{10}(x_i-\bar{x})(y_i-\bar{y})=-14$$

これより,

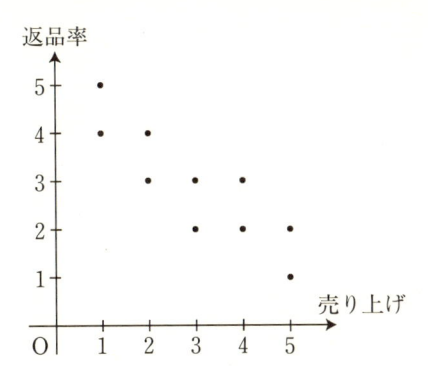

$$\text{相関係数 } r = \frac{-14}{\sqrt{20}\sqrt{12.9}} \fallingdotseq -0.9$$

となります。

③ CDの"売り上げ"と"メインの購買層"の相関

店	A	B	C	D	E	F	G	H	I	J
売り上げ	1	5	2	4	5	1	3	2	4	3
メインの購買層	3	4	2	5	1	1	5	4	3	2

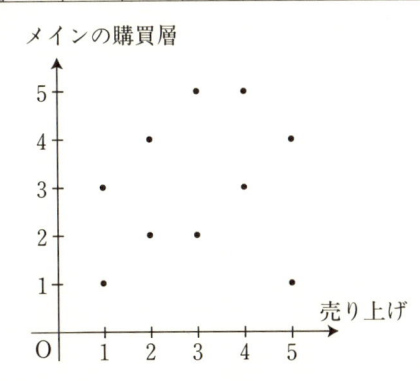

　このとき，各店の"売り上げ"を変量 x_i，"メインの購買層"を変量 y_i としてとると，

$$\bar{x}=3, \quad \bar{y}=3, \quad \sum_{i=1}^{10}(x_i-\bar{x})^2=20, \quad \sum_{i=1}^{10}(y_i-\bar{y})^2=20,$$

$$\sum_{i=1}^{10}(x_i-\bar{x})(y_i-\bar{y})=4$$

これより,

$$相関係数\ r=\frac{4}{\sqrt{20}\sqrt{20}}=0.2$$

となります。

④ CDの"売り上げ"と"店舗面積"の相関

店	A	B	C	D	E	F	G	H	I	J
売り上げ	1	5	2	4	5	1	3	2	4	3
店舗面積	4	3	5	1	2	2	5	1	5	1

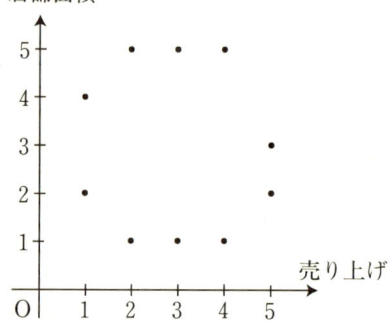

このとき, 各店の"売り上げ"を変量 x_i, "店舗面積"を変量 y_i としてとると,

$$\bar{x}=3, \quad \bar{y}=2.9, \quad \sum_{i=1}^{10}(x_i-\bar{x})^2=20, \quad \sum_{i=1}^{10}(y_i-\bar{y})^2=26.9,$$

$$\sum_{i=1}^{10}(x_i-\bar{x})(y_i-\bar{y})=-2$$

これより,

$$相関係数\ r=\frac{-2}{\sqrt{20}\sqrt{26.9}}\fallingdotseq -0.1$$

となります。

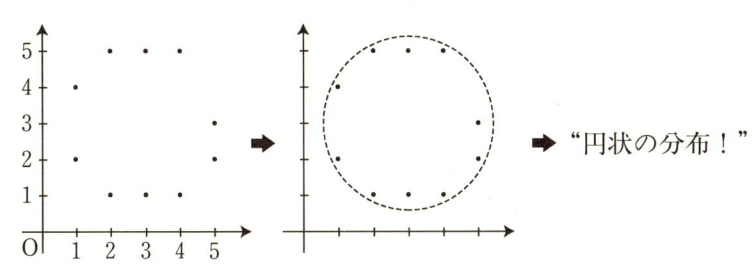

ここで，①～④までの散布図と相関係数を並べて観察してみましょう。

①"売り上げ"と"店内で曲を流す回数"：相関係数 $r \fallingdotseq 0.9$

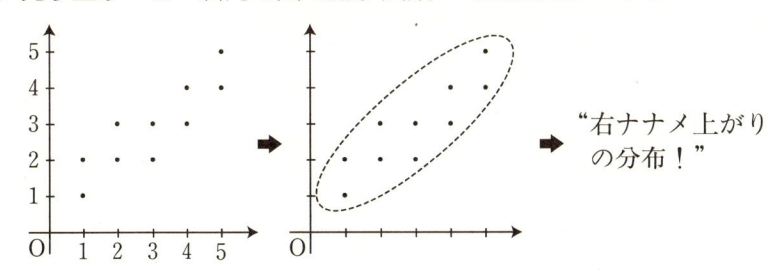

→ "右ナナメ上がりの分布！"

②"売り上げ"と"返品率"：相関係数 $r \fallingdotseq -0.9$

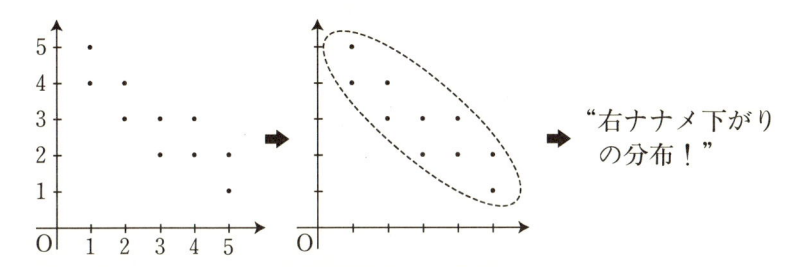

→ "右ナナメ下がりの分布！"

③"売り上げ"と"メインの購買層"：相関係数 $r = 0.2$

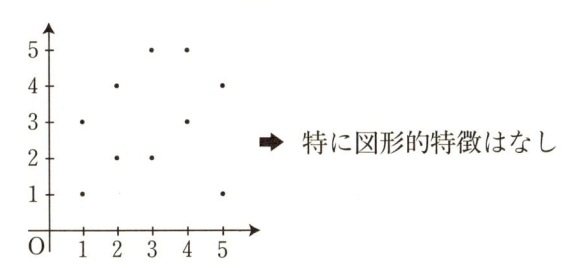

→ 特に図形的特徴はなし

④"売り上げ"と"店舗面積"：相関係数 $r \fallingdotseq -0.1$

→ "円状の分布！"

これらを眺めてみると，散布図と相関係数の間に

> 相関係数の絶対値，すなわち，$|r|$ の値が大
>
> ⇔ 点の分布が**右ナナメ** $\begin{Bmatrix} \text{上がり} \\ \text{or} \\ \text{下がり} \end{Bmatrix}$

の関係が見てとれそうです。これについては次講で勉強しましょう。

講義 05 LECTURE 相関と相関係数 2

● 相関係数の意味

前回の講義で次のような相関係数の定義を学びました。

相関係数 r（correlation coefficient）
$$r = \frac{\sum_{i=1}^{N}(x_i-\bar{x})(y_i-\bar{y})}{\sqrt{\sum_{i=1}^{N}(x_i-\bar{x})^2}\sqrt{\sum_{i=1}^{N}(y_i-\bar{y})^2}}$$

本講ではこの式が意味するところを考えてみましょう。

まず，相関係数 r は，
$$-1 \leqq r \leqq 1$$
の値をとることが知られています（これは次講で証明します）。

次に，相関係数の式そのものに着目してみます。

分子 "$\sum_{i=1}^{N}(x_i-\bar{x})(y_i-\bar{y})$" は，共分散とよく似た形をしていますが，これは何を意味するのでしょうか？

今，座標平面上で，点 (x_i, y_i)（ただし，$i=1,2,3,\cdots,N$）と直線 $x=\bar{x}$，直線 $y=\bar{y}$ を用意し，x 座標関係だけの図と y 座標関係だけの図をそれぞれ描いてみます。

図1 ● x 座標関係だけの図　　**図2** ● y 座標関係だけの図

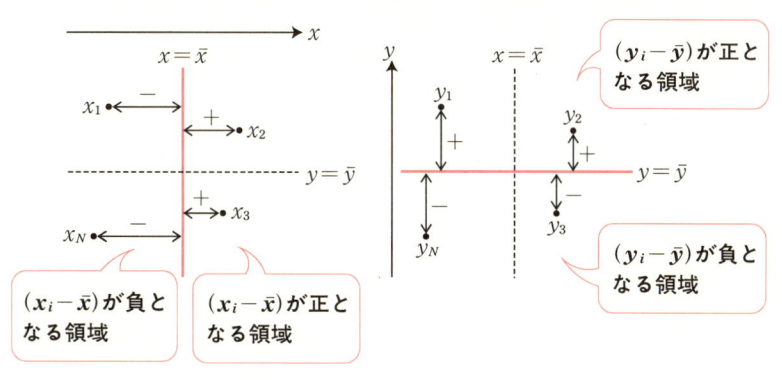

（図1）直線 $x=\bar{x}$ の左側：$(x_i-\bar{x})$ が負となる領域（x_1, x_N）、右側：$(x_i-\bar{x})$ が正となる領域（x_2, x_3）

（図2）直線 $y=\bar{y}$ の上側：$(y_i-\bar{y})$ が正となる領域（y_1, y_2）、下側：$(y_i-\bar{y})$ が負となる領域（y_3, y_N）

そして，この図1，図2を1つの図にまとめると，

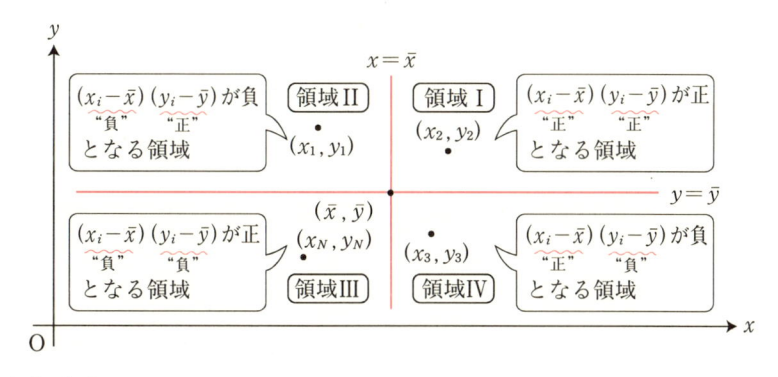

- 領域Ⅱ（x_1, y_1）：$(x_i-\bar{x})(y_i-\bar{y})$ が負 ("負"×"正") となる領域
- 領域Ⅰ（x_2, y_2）：$(x_i-\bar{x})(y_i-\bar{y})$ が正 ("正"×"正") となる領域
- 領域Ⅲ（x_N, y_N）：$(x_i-\bar{x})(y_i-\bar{y})$ が正 ("負"×"負") となる領域
- 領域Ⅳ（x_3, y_3）：$(x_i-\bar{x})(y_i-\bar{y})$ が負 ("正"×"負") となる領域

中心は $(\bar{x}, \bar{y})$。

これより，

$\begin{cases}(\text{i}) & 点 (x_i, y_i) が領域Ⅰにあるとき：(x_i-\bar{x})(y_i-\bar{y})>0 \\ (\text{ii}) & 点 (x_i, y_i) が領域Ⅱにあるとき：(x_i-\bar{x})(y_i-\bar{y})<0 \\ (\text{iii}) & 点 (x_i, y_i) が領域Ⅲにあるとき：(x_i-\bar{x})(y_i-\bar{y})>0 \\ (\text{iv}) & 点 (x_i, y_i) が領域Ⅳにあるとき：(x_i-\bar{x})(y_i-\bar{y})<0 \\ (\text{v}) & 点 (x_i, y_i) が直線 x=\bar{x} 上，または，直線 y=\bar{y} 上に \\ & あるとき：(x_i-\bar{x})(y_i-\bar{y})=0\end{cases}$

となるので，(i)～(v)の値の足し算である "$\sum_{i=1}^{N}(x_i-\bar{x})(y_i-\bar{y})$" は，

・点 (x_i, y_i) が領域Ⅰ or 領域Ⅲに多く点在するとき，
「$\sum_{i=1}^{N}(x_i-\bar{x})(y_i-\bar{y})>0$，かつ，$\left|\sum_{i=1}^{N}(x_i-\bar{x})(y_i-\bar{y})\right|$ の値が㊥」
が成り立つ。また逆に，

講義05 ● 相関と相関係数2

- $\sum_{i=1}^{N}(x_i-\bar{x})(y_i-\bar{y})>0$，かつ，$\left|\sum_{i=1}^{N}(x_i-\bar{x})(y_i-\bar{y})\right|$ の値が㊤のとき，
  「点(x_i, y_i)が領域Ⅰ or 領域Ⅲに多く点在する」
  が成り立つ。

といえそうです。

このときグラフは，

"右ナナメ上がりの分布！"

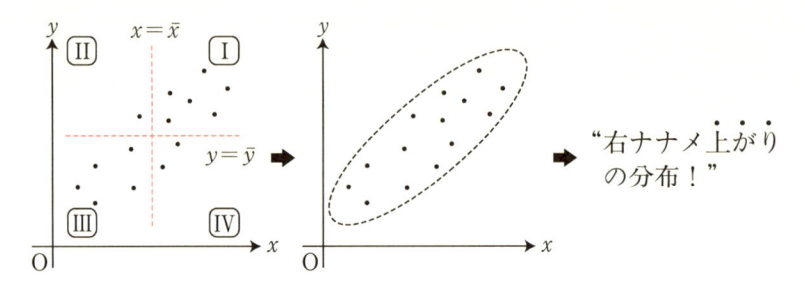

となるので，結局，$\sum_{i=1}^{N}(x_i-\bar{x})(y_i-\bar{y})>0$，かつ，$\left|\sum_{i=1}^{N}(x_i-\bar{x})(y_i-\bar{y})\right|$ の値が㊤のとき，「点(x_i, y_i)は右ナナメ上がり状の分布，すなわち**傾き正の直線状に分布**している」ことがわかります。

また，(ⅰ)～(ⅴ)の値の足し算である"$\sum_{i=1}^{N}(x_i-\bar{x})(y_i-\bar{y})$"は，

- 点(x_i, y_i)が領域Ⅱ or 領域Ⅳに多く点在するとき，
  「$\sum_{i=1}^{N}(x_i-\bar{x})(y_i-\bar{y})<0$，かつ，$\left|\sum_{i=1}^{N}(x_i-\bar{x})(y_i-\bar{y})\right|$の値が㊤」
  が成り立つ。また逆に，
- $\sum_{i=1}^{N}(x_i-\bar{x})(y_i-\bar{y})<0$，かつ，$\left|\sum_{i=1}^{N}(x_i-\bar{x})(y_i-\bar{y})\right|$ の値が㊤のとき，
  「点(x_i, y_i)が領域Ⅱ or 領域Ⅳに多く点在する」
  が成り立つ。

といえそうです。

このときグラフは，

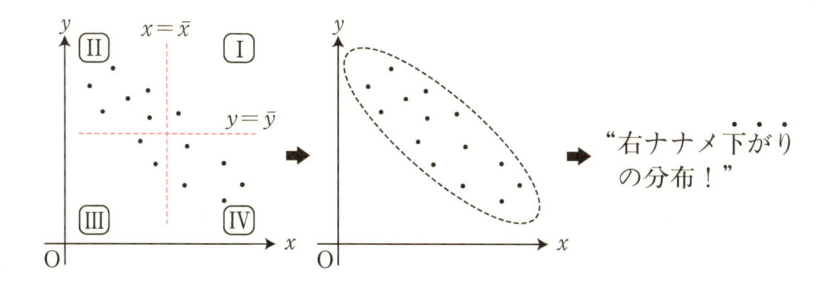

となるので，結局，$\sum_{i=1}^{N}(x_i-\bar{x})(y_i-\bar{y}) < 0$,かつ，$\left|\sum_{i=1}^{N}(x_i-\bar{x})(y_i-\bar{y})\right|$の値が大のとき，「点$(x_i, y_i)$は右ナナメ下がり状の分布，すなわち**傾き負の直線状の分布**をしている」ことがわかります。

以上の考察より，"$\sum_{i=1}^{N}(x_i-\bar{x})(y_i-\bar{y})$"という値は，点$(x_i, y_i)$の分布を表す散布図が**直線状に分布しているか・否か**を教えてくれるものと考えられます。

これで相関係数の式の分子が何を意味しているかがわかりましたね。

それでは分母の役割は何でしょう？

例えば，変量x_iが"身長(cm)"，変量y_iが"体重(kg)"のデータを表しているとき，"変量$(x_i-\bar{x})\cdot(y_i-\bar{y})$"の単位は(cm・kg)となります。
"cm"　　"kg"

しかし，今まで見てきたように，**相関係数の導入の目的**が，

変量x_i，変量y_iによって表される散布図の様子，すなわち，点(x_i, y_i)の分布が，**直線状か・否か**

を示す指針であると考えると，その指針を示す値には"単位がナイ"方が理想的です。

よって，分母に$\sqrt{\sum_{i=1}^{N}(x_i-\bar{x})^2}$(cm)，$\sqrt{\sum_{i=1}^{N}(y_i-\bar{y})^2}$(kg)を配置することにより，分母・分子の単位同士が打ち消し合い，**無単位状態**が実現できることになるわけです。

さらにこの操作により $\dfrac{\sum\limits_{i=1}^{N}(x_i-\bar{x})(y_i-\bar{y})}{\sqrt{\sum\limits_{i=1}^{N}(x_i-\bar{x})^2}\sqrt{\sum\limits_{i=1}^{N}(y_i-\bar{y})^2}}$，すなわち**相関係数** r は，$-1 \leqq r \leqq 1$ という範囲におさまるのです。

●相関係数 r の計算

ここで，前講で導入した相関係数 $r=\dfrac{\sum\limits_{i=1}^{N}(x_i-\bar{x})(y_i-\bar{y})}{\sqrt{\sum\limits_{i=1}^{N}(x_i-\bar{x})^2}\sqrt{\sum\limits_{i=1}^{N}(y_i-\bar{y})^2}}$ の式の分母・分子に $\dfrac{1}{N}$ をかけてみると，

$$r = \dfrac{\sum\limits_{i=1}^{N}(x_i-\bar{x})(y_i-\bar{y})}{\sqrt{\sum\limits_{i=1}^{N}(x_i-\bar{x})^2}\sqrt{\sum\limits_{i=1}^{N}(y_i-\bar{y})^2}} \times \underbrace{\dfrac{\dfrac{1}{N}}{\left(\sqrt{\dfrac{1}{N}}\right)^2}}_{=1}$$

$$= \dfrac{\dfrac{1}{N}\sum\limits_{i=1}^{N}(x_i-\bar{x})(y_i-\bar{y})}{\sqrt{\dfrac{1}{N}\sum\limits_{i=1}^{N}(x_i-\bar{x})^2}\sqrt{\dfrac{1}{N}\sum\limits_{i=1}^{N}(y_i-\bar{y})^2}}$$

となります。ところが，この分子と分母を見ると，

$$\begin{cases} \text{共分散 } \sigma_{xy} = \underbrace{\dfrac{1}{N}\sum\limits_{i=1}^{N}(x_i-\bar{x})(y_i-\bar{y})}_{\text{"定義式"}} = \underbrace{\dfrac{1}{N}\sum\limits_{i=1}^{N}x_i \cdot y_i - \bar{x}\cdot\bar{y}}_{\text{"計算式"}} \\ \text{分散 } \sigma_x^2 = \underbrace{\dfrac{1}{N}\sum\limits_{i=1}^{N}(x_i-\bar{x})^2}_{\text{"定義式"}} = \underbrace{\dfrac{1}{N}\sum\limits_{i=1}^{N}x_i^2 - \bar{x}^2}_{\text{"計算式"}} \\ \text{分散 } \sigma_y^2 = \underbrace{\dfrac{1}{N}\sum\limits_{i=1}^{N}(y_i-\bar{y})^2}_{\text{"定義式"}} = \underbrace{\dfrac{1}{N}\sum\limits_{i=1}^{N}y_i^2 - \bar{y}^2}_{\text{"計算式"}} \end{cases}$$

でしたので，次がわかります。

> **相関係数 r の計算式**
>
> 相関係数 $r = \dfrac{\sigma_{xy}}{\sqrt{\sigma_x^2}\sqrt{\sigma_y^2}} = \underbrace{\dfrac{\dfrac{1}{N}\sum\limits_{i=1}^{N}x_i \cdot y_i - \bar{x}\cdot\bar{y}}{\sqrt{\dfrac{1}{N}\sum\limits_{i=1}^{N}x_i^2 - \bar{x}^2}\sqrt{\dfrac{1}{N}\sum\limits_{i=1}^{N}y_i^2 - \bar{y}^2}}}_{\text{"計算式"}}$

相関と散布図と相関係数のまとめ

2つの調べたいデータ群の変量 x_i, 変量 y_i を, 座標平面上の点 (x_i, y_i) として表した図を"散布図"といいます。

●散布図

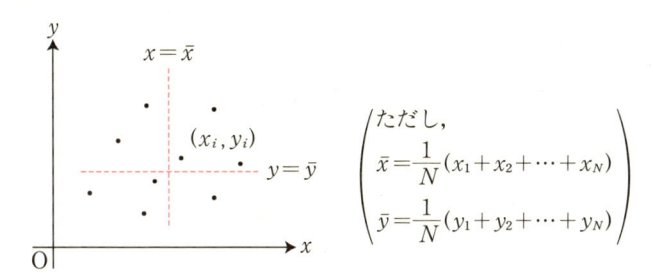

$$\left(\text{ただし,}\quad \bar{x} = \frac{1}{N}(x_1 + x_2 + \cdots + x_N) \\ \bar{y} = \frac{1}{N}(y_1 + y_2 + \cdots + y_N) \right)$$

また, 相関係数 $r = \dfrac{\sum_{i=1}^{N}(x_i - \bar{x})(y_i - \bar{y})}{\sqrt{\sum_{i=1}^{N}(x_i - \bar{x})^2} \sqrt{\sum_{i=1}^{N}(y_i - \bar{y})^2}}$ と定義することにより,

$$-1 \leqq r \leqq 1$$

となり, さらに,

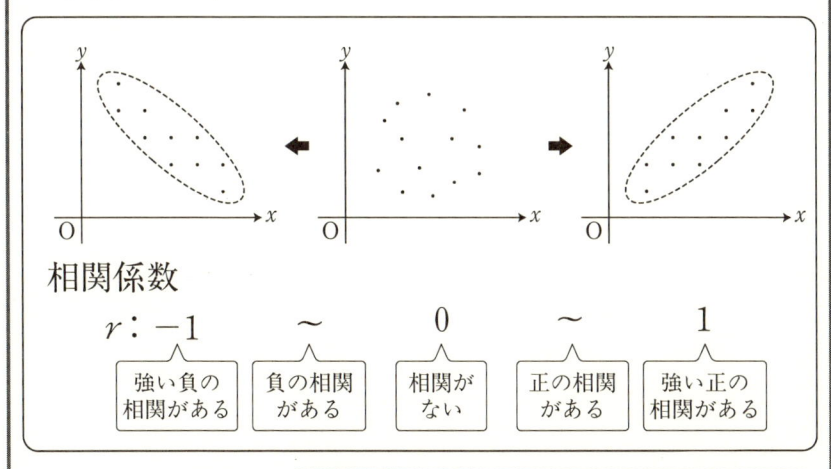

相関係数
$r:\ -1\ \sim\ 0\ \sim\ 1$

| 強い負の相関がある | 負の相関がある | 相関がない | 正の相関がある | 強い正の相関がある |

となります。つまり, 相関係数 r が ± 1 に近い値をとればとるほど点 (x_i, y_i) は直線状の分布 となり, すなわち,

1次式的関係：
$\begin{cases} 変量\ x_i\ が大きければ，変量\ y_i\ も比例して大きくなる \\ \quad\quad\quad\quad\quad\quad\quad\quad or \\ 変量\ x_i\ が大きければ，変量\ y_i\ は比例して小さくなる \end{cases}$

というような変量 x_i と y_i の関係・関連性が見てとれます。

相関係数 r の計算式

$$相関係数\ r = \frac{\sigma_{xy}}{\sqrt{\sigma_x^2}\sqrt{\sigma_y^2}} = \frac{\frac{1}{N}\sum_{i=1}^{N}x_i \cdot y_i - \bar{x}\cdot\bar{y}}{\sqrt{\frac{1}{N}\sum_{i=1}^{N}x_i^2 - \bar{x}^2}\sqrt{\frac{1}{N}\sum_{i=1}^{N}y_i^2 - \bar{y}^2}}$$

☞ここで以前に取り上げた"あるアーティストの最新CDの，各CDショップにおけるさまざまなデータ"をもう一度見てみましょう。

①"売り上げ"と"店内で曲を流す回数"：相関係数 $r \fallingdotseq 0.9$

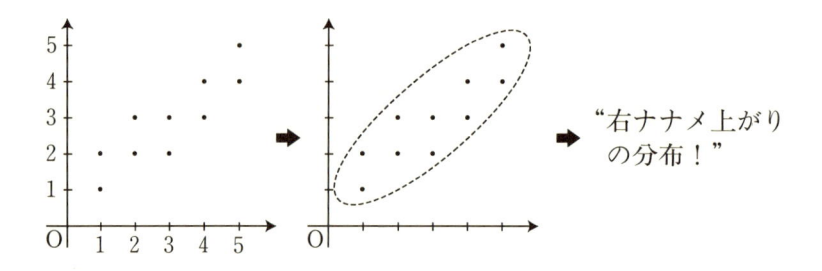

➡ "右ナナメ上がりの分布！"

②"売り上げ"と"返品率"：相関係数 $r \fallingdotseq -0.9$

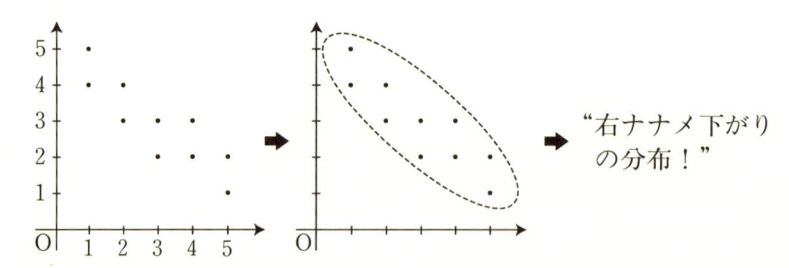

➡ "右ナナメ下がりの分布！"

確かに，相関係数 r が ± 1 に近い値をとると，変量の1次式的関係がハッキリと見てとれます。

それに対して，もう一方のデータを見ると
③ "売り上げ" と "メインの購買層"：相関係数 $r = 0.2$

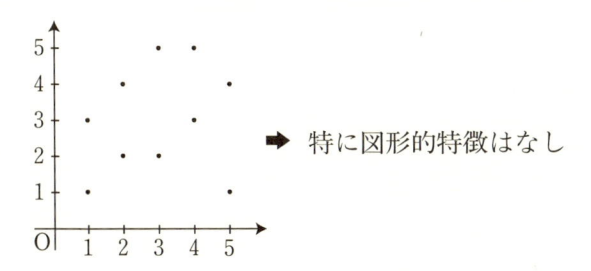

➡ 特に図形的特徴はなし

④ "売り上げ" と "店舗面積"：相関係数 $r ≒ -0.1$

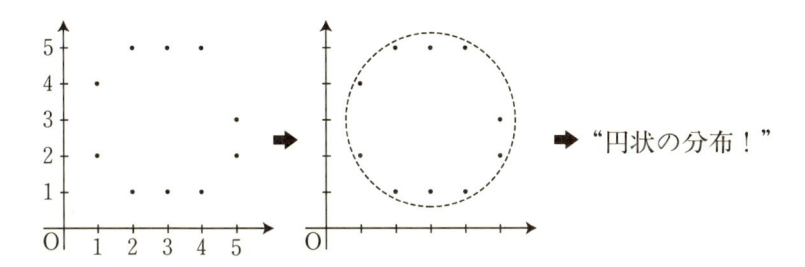

➡ "円状の分布！"

となっており，③，④の散布図は，①，②の散布図と比べると，変量の1次式的関係は見てとれません。

ところで，④の散布図では，変量 x_i, y_i が円状に分布しているように見えます。これはどういうことでしょうか？
　相関係数で注意してほしいのは，相関係数が教えてくれるのは，あくまでも，「2つの変量の1次式的関係が強いか・弱いか，あるか・ないか」についてのみ，ということです。
　よって，④の散布図のような関係は，相関係数からは読み取れないのです。
　ゆえに，2つの変量 x_i, y_i の関係・関連性を調べるには，

$$\text{散布図} \quad \text{相関係数}$$

の2つの 視点 から考察することが必要となるわけです。

演習問題 5-1 次の表は，あるターミナル駅周辺における単身者向けの新築賃貸物件の，駅からの所要時間（徒歩）と賃料に関する表（実習問題 3-2 と同じ表）である。

所要時間(分)	3	3	5	6	6	7	9	12	14	15
賃料(万円)	13.2	12	12.5	11	11.5	10.5	10	9.7	9	8.6

このデータについて以下の問いに答えよ。

(1) 散布図を描け。
(2) 相関係数 r を求めよ。

解答&解説

(1) 駅からの所要時間を x 軸に，賃料を y 軸にとると，データで与えられた 10 個の点 (x_i, y_i) は

$(x_1, y_1) = (3, 13.2)$，$(x_2, y_2) = (3, 12)$，$\cdots$，$(x_{10}, y_{10}) = (15, 8.6)$

なので，求める散布図は次のようになる。

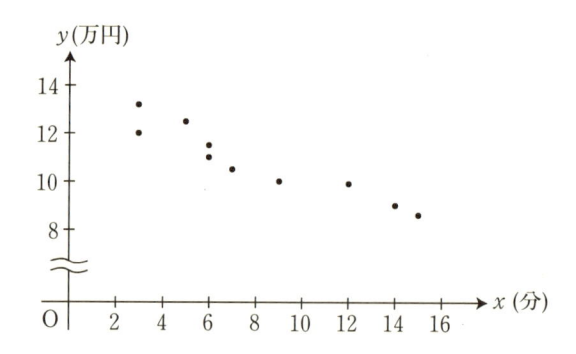

(2) 実習問題 3-2 で求めたように，

$$\bar{x} = 8, \quad \bar{y} = 10.8, \quad \sum_{i=1}^{10}(x_i - \bar{x})(y_i - \bar{y}) = -56$$

である。さて，

$$\sum_{i=1}^{10}(x_i - \bar{x})^2 = (3-8)^2 + (3-8)^2 + (5-8)^2 + (6-8)^2 + (6-8)^2$$
$$+ (7-8)^2 + (9-8)^2 + (12-8)^2 + (14-8)^2 + (15-8)^2$$
$$= 25 + 25 + 9 + 4 + 4 + 1 + 1 + 16 + 36 + 49 = 170$$

なので,
$$\sqrt{\sum_{i=1}^{10}(x_i-\bar{x})^2} = \sqrt{170} \fallingdotseq 13.0$$
である。

一方,
$$\begin{aligned}
\sum_{i=1}^{10}(y_i-\bar{y})^2 &= (13.2-10.8)^2+(12-10.8)^2+(12.5-10.8)^2 \\
&\quad +(11-10.8)^2+(11.5-10.8)^2+(10.5-10.8)^2 \\
&\quad +(10-10.8)^2+(9.7-10.8)^2+(9-10.8)^2 \\
&\quad +(8.6-10.8)^2 \\
&= 5.76+1.44+2.89+0.04+0.49+0.09+0.64 \\
&\quad +1.21+3.24+4.84 \\
&= 20.64
\end{aligned}$$

なので,
$$\sqrt{\sum_{i=1}^{10}(y_i-\bar{y})^2} = \sqrt{20.64} \fallingdotseq 4.54$$
である。

よって, 求める r は,
$$r = \frac{\sum_{i=1}^{10}(x_i-\bar{x})(y_i-\bar{y})}{\sqrt{\sum_{i=1}^{10}(x_i-\bar{x})^2}\sqrt{\sum_{i=1}^{10}(y_i-\bar{y})^2}} \fallingdotseq \frac{-56}{13.0 \times 4.54} \fallingdotseq -0.949$$

となる。

$\left(\begin{array}{l}
\text{または,}\ r=\dfrac{\sigma_{xy}}{\sigma_x \cdot \sigma_y}\ \text{を用いると,} \\
\quad \begin{cases}
\sigma_{xy} = \dfrac{1}{10} \times \sum_{i=1}^{10}(x_i-\bar{x})(y_i-\bar{y}) = -5.6 \\
\sigma_x = \sqrt{\sigma_x{}^2} = \sqrt{\dfrac{1}{10}\sum_{i=1}^{10}x_i{}^2 - \bar{x}^2} \fallingdotseq \sqrt{17} \\
\sigma_y = \sqrt{\sigma_y{}^2} = \sqrt{\dfrac{1}{10}\sum_{i=1}^{10}y_i{}^2 - \bar{y}^2} \fallingdotseq \sqrt{2.1}
\end{cases} \\
\quad \therefore\ r = \dfrac{-5.6}{\sqrt{17}\sqrt{2.1}} \fallingdotseq -0.949
\end{array}\right)$

となります。

講義 LECTURE 06 回帰直線と最小2乗法

●回帰直線と最小2乗法

　講義 4, 5 で取り上げた散布図において，相関係数の値が $+1$ or -1 に近いとき，点の分布状態は"直線状態"となっていることがわかりました。

　しかし，そもそも点の分布状態を調べたのは，2つの変量の間における関連性を見つけるためでした。

　その関連性は，(相関係数)＝±1 となるとき，

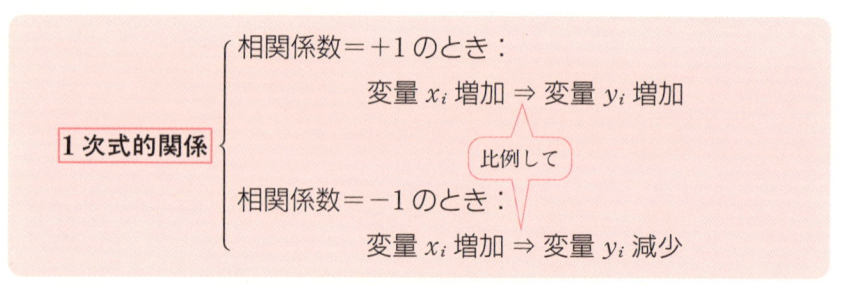

1次式的関係	相関係数＝＋1 のとき： 変量 x_i 増加 ⇒ 変量 y_i 増加
	相関係数＝－1 のとき： 変量 x_i 増加 ⇒ 変量 y_i 減少

比例して

となります。つまり，「点の分布状態が直線的状態」となることが判明しました。この"直線的状態"をもう少し簡潔に，例えば1つの関係式として把握できれば，2変量の関連性をより明確に記述することができそうです。

　それでは，この"直線的状態"をうまく代表するような直線を見つけることにしましょう。

　果たしてどのような直線がより目的に適うでしょうか？

　例えば，散布図上の散らばっている点を結んでできる線が，真っすぐな1本の直線となれば，ソレが一番理想的です。しかし，実際は多くの

場合，次の例のようになっています。

> **例** あるアーティストの最新CDの，各CDショップにおける"売り上げ"と"店内で曲を流す回数"
>
> 直線状 → ジグザグな折れ線

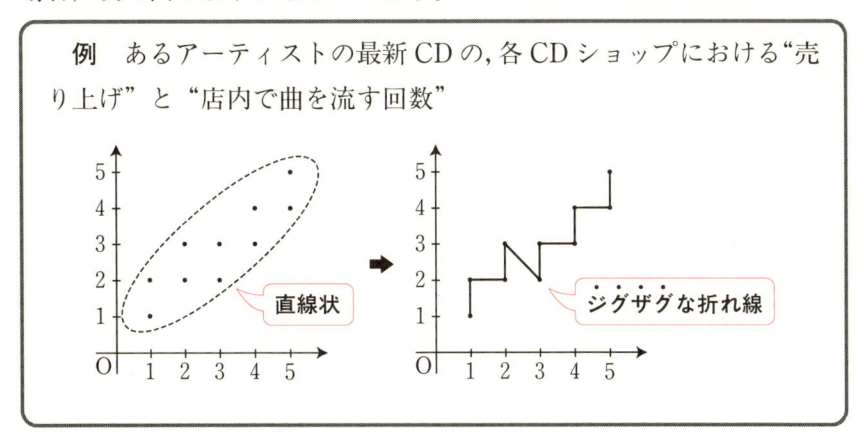

それではどうすればよいのでしょうか？
1つのアイディアとして，「点と点の間を縫う直線」が考えられます。
つまり，次の図に示したような直線です。

> **例** あるアーティストの最新CDの，各CDショップにおける"売り上げ"と"店内で曲を流す回数"
>
> 拡大図
> ・点
> ○
> ・点
> 点と点の間をヌう直線

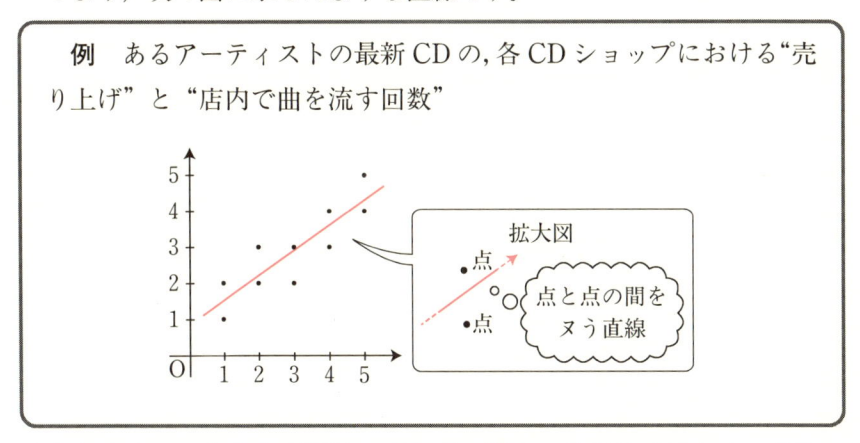

もちろんこのような直線は，点と点の間をヌうだけではなく，点そのものの上を通過することもあります。

さて，このような直線を一般に引くことができれば，

各点は，この直線の近辺にある

といえて，探していた点の分布状態が直線的状態となっていることをうまく代表してくれる直線の1つになるでしょう。

講義06 ● 回帰直線と最小2乗法　59

それでは，この直線を**具体化**することにします。

まず問題となるのは，「**各点は，この直線の近辺にある**」の"近辺"を数学的にどのように表すかという点でしょう。これは数学的に言い換えると，「**各点と直線の距離が小さくなる状態**」といえますね。

したがって，次に問題となるのは，"各々の点と直線の距離"をどういうふうに定義するかということになります。そこで，定義の仕方として次の3通りを考えることにします。

点と直線の距離の定義

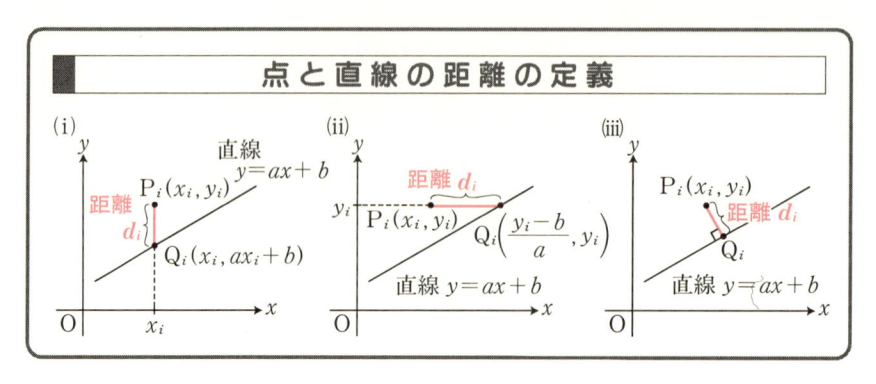

(i) 直線 $y = ax+b$，距離 d_i，$P_i(x_i, y_i)$，$Q_i(x_i, ax_i+b)$

(ii) 距離 d_i，$P_i(x_i, y_i)$，$Q_i\left(\dfrac{y_i-b}{a}, y_i\right)$，直線 $y=ax+b$

(iii) $P_i(x_i, y_i)$，距離 d_i，Q_i，直線 $y=ax+b$

(i) **点と直線の距離を y 軸方向にとるとき：**

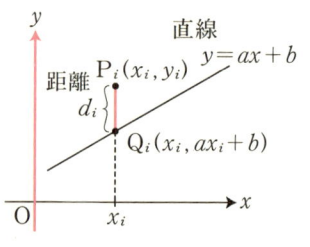

右図のように点 P_i, Q_i をおき，2点 P_i, Q_i 間の距離を d_i とします（$i=1, 2, 3, \cdots, N$）。このとき，距離 d_i は

$$d_i = P_iQ_i = |\underbrace{y_i}_{\text{"点}P_i\text{の}y\text{座標"}} - \underbrace{(ax_i+b)}_{\text{"点}Q_i\text{の}y\text{座標"}}|$$

となります。ところがこのままでは，距離を表す式に絶対値が含まれているので，実際に計算するときに絶対値をはずす手間がかかってしまいます。そこで距離を考えるとき，距離の2乗を使って**絶対値を除く**ことにしましょう。つまり，

$$(\text{距離})^2 = d_i^2 = \{y_i - (ax_i+b)\}^2 \quad \cdots\cdots ①$$

とするわけです。

ところで，この図では「点 P_i が直線 $y=ax+b$ の上側にある」ときの状態で①式を定めているように見えますが，d_i の定義より「点 P_i が直線 $y=ax+b$ の下側にある」ときも①式は成り立ちます。

(ii) 点と直線の距離を x 軸方向にとるとき：

右図のように点 P_i, Q_i をおくと，2点 P_i, Q_i 間の距離 d_i は

$$d_i = P_iQ_i = \left| \underbrace{x_i}_{\text{"点}P_i\text{の}x\text{座標"}} - \underbrace{\left(\frac{y_i - b}{a}\right)}_{\text{"点}Q_i\text{の}x\text{座標"}} \right|$$

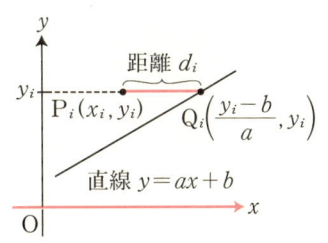

> **注** 本来ならば，$d_i = \left(\frac{y_i - b}{a} - x_i\right)$ と表現すべきですが，(i)と同じ形式で表現するため，上のようにしました。

このときも(i)と同様に，

$$(\text{距離})^2 = d_i^2 = \left\{ x_i - \left(\frac{y_i - b}{a}\right) \right\}^2 \quad \cdots\cdots ②$$

とするわけです。

ところで，この図では「点 P_i が直線 $y = ax + b$ の左側にある」ときの状態で②式を定めているように見えますが，①式と同様に，「点 P_i が直線 $y = ax + b$ の右側にある」ときも②式は成り立ちます。

(iii) 点と直線の距離を点から直線に下ろした垂線の足方向にとるとき：

右図のように点 P_i, Q_i をおくとします。このときの距離 d_i はどのように求められるでしょうか？

ここで，高校数学で登場する次の公式を思い出してもらうことにしましょう。

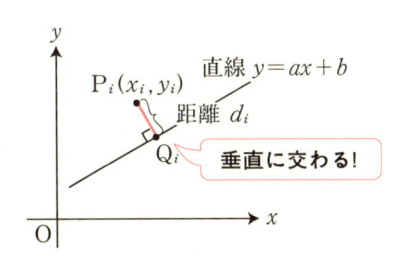

■ Review ―― 点と直線の距離の公式

右図において，

(点 A と直線：$ax + by + c = 0$ の距離)
$=$ (線分 AB の長さ)
$= \dfrac{|ax_0 + by_0 + c|}{\sqrt{a^2 + b^2}}$

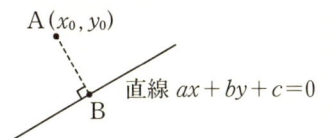

この公式を用いると，直線 $y=ax+b \Leftrightarrow ax-y+b=0$ と表せることから，点 P_i と直線 $ax-y+b=0$ の距離 d_i は，

$$d_i = P_i Q_i = \frac{|ax_i - y_i + b|}{\sqrt{a^2+(-1)^2}} = \frac{|ax_i - y_i + b|}{\sqrt{a^2+1}}$$

となります。よって，

$$(距離)^2 = d_i{}^2 = \frac{(ax_i - y_i + b)^2}{a^2+1} \quad \cdots\cdots ③$$

となるわけです。

ところで，この図では「点 P_i が直線 $y=ax+b$ の上側にある」ときの状態で③式を定めているように見えますが，①式，②式と同様に，「点 P_i が直線 $y=ax+b$ の下側にある」ときも③式は成り立ちます。

さて，ここで話を戻して，今調べていたのは「**散布図上の，各点と直線の距離が小さくなる⇒最小となる状態**」についてでした。

そして，各点と直線の距離 d_i や $d_i{}^2$ には(i)〜(iii)という3種類の定義を考えました。この(i)〜(iii)の各定義に対して，

点 $P_1, P_2, \cdots, P_N$ が1つの直線の近辺に存在する状態

を決める1つの考え方として

（各距離の2乗）の和が最小となる状態

を考えてもよさそうです。つまり，

$$L = d_1{}^2 + d_2{}^2 + d_3{}^2 + \cdots + d_N{}^2 = \sum_{i=1}^{N} d_i{}^2$$

とおいたときに **L が最小値，$\min L$ となる状態**のことです。ところで，一般に最小値を求めるときの**数学的道具**というと，**微分法**が真っ先に挙げられますが，この**微分法**を "$\min L$ の決定" に用いるためには，**L が何の関数**なのか，つまり**変数が何か**をハッキリさせなくてはなりません。

☞ 今の目標は，（各距離の2乗）の和が最小となるような直線 $y=ax+b$ を求めることです。

ここで再び，高校までに学んできた数学の基本事項を思い出してもらいましょう。

Review —— 直線の式 ——

傾き：a，y 切片：b となる直線の式は

> 直線と y 軸との交点における y 座標のこと。

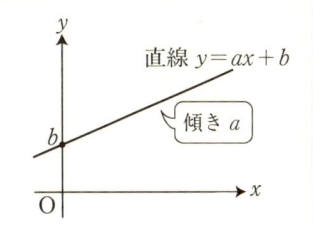

$$y = ax + b$$

直線 $y = ax + b$
傾き a

と表現できます。

つまり，a, b が定まれば，直線 $y = ax + b$ もただ 1 つに定まるというわけです。また，a, b が変化すれば，直線 $y = ax + b$ の位置などが変化することになります。

例

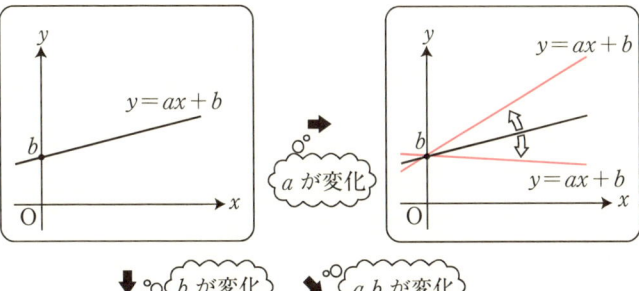

a が変化

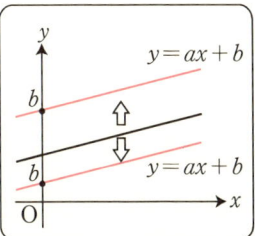

b が変化　　a, b が変化

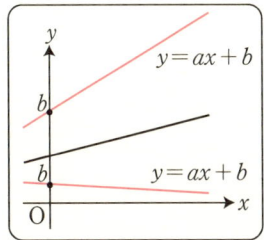

言い換えれば，傾き：a と y 切片：b が，直線 $y = ax + b$ を特徴づけているわけです。

この 基本事項 を用いると，
「（各距離の 2 乗）の和が最小となるときの直線 $y=ax+b$ を求める」
ことは，
「（各距離の 2 乗）の和が最小となるときの直線の傾き：a，y 切片：b を求める」
ことに等しいことがわかります。

よって，散布図上の各点 (x_i, y_i) $(i=1, 2, 3 \cdots, N)$ は固定されたものであり，各点をヌう直線 $y=ax+b$ が変化することを考えると，各点と直線の距離の 2 乗 d_i^2 は変数 a, b の関数であり，（各距離の 2 乗）の和 $L = \sum_{i=1}^{N} d_i^2$ は，a, b の 2 変数関数とみなすことができるわけです。

ただし，a, b はお互いに無関係な独立な変数であることに注意しながら，a, b の関数 L の最小値，$\min L$ を求めていくことにします。

(i) 点と直線の距離を y 軸方向にとるとき：

$d_i^2 = \{y_i - (ax_i + b)\}^2$
$= y_i^2 - 2y_i(ax_i + b) + (ax_i + b)^2$
$= x_i^2 \cdot a^2 + b^2 + 2x_i \cdot ab$
$\quad - 2x_i y_i \cdot a - 2y_i \cdot b + y_i^2$

∴ $L = \sum_{i=1}^{N} d_i^2 = \sum_{i=1}^{N} (x_i^2 \cdot a^2 + b^2 + 2x_i \cdot ab - 2x_i y_i \cdot a - 2y_i \cdot b + y_i^2)$

$= \left(\sum_{i=1}^{N} x_i^2\right) \cdot a^2 + \left(\sum_{i=1}^{N} 1\right) \cdot b^2 + \left(\sum_{i=1}^{N} 2x_i\right) \cdot ab$
$\quad + \left\{\sum_{i=1}^{N} (-2x_i y_i)\right\} \cdot a + \left\{\sum_{i=1}^{N} (-2y_i)\right\} \cdot b + \sum_{i=1}^{N} y_i^2$ ◁ a と b の 2 次式

……④

ここで，L は a と b の 2 次式であり，この式が表すグラフを abL-3 次元座標で描くと，一般的には次の図のようになります。

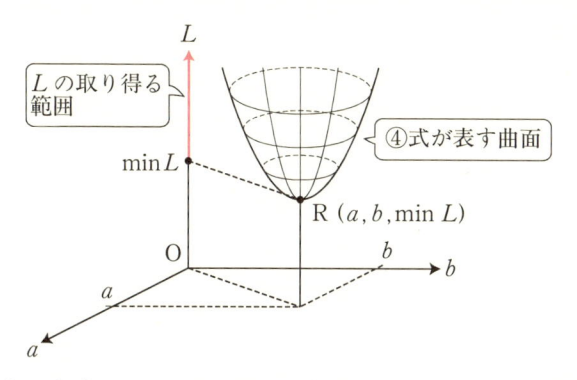

結局，④式が表すグラフは上図のような曲面となり，"つり鐘をさかさまにしたような形"になります。このとき，a, b は独立な関係であることに注意して下さい。

この"さかさまになったつり鐘の底"，つまり，④式の曲面の最下点(極小点)を点 R とすると，

$$（④式の曲面の L 座標）\geq （点 R の L 座標）$$

となるので，点 $\mathrm{R}\,(a, b, \min L)$ と表せます。

この点 R の特徴として，この点の座標値に対して，

$$\begin{cases} \dfrac{\partial L}{\partial a} = 0 \\ \dfrac{\partial L}{\partial b} = 0 \end{cases}$$

$\dfrac{\partial L}{\partial a}$ は**偏微分**を表しています。これは，a を変数，b を定数とし，L を a のみの関数とみなして微分することを意味します。

$\dfrac{\partial L}{\partial b}$ は**偏微分**を表しています。これは，a を定数，b を変数とし，L を b のみの関数とみなして微分することを意味します。

が成立することが知られています（2次関数 $f(x)$ が，$f'(x)=0$ となる x において極値をもったことを思い出して下さい）。

それでは実際に L を偏微分して，"$\dfrac{\partial L}{\partial a}=0, \dfrac{\partial L}{\partial b}=0$" となるときの a, b の値を求めてみましょう。その a, b の値を用いれば，点 R の座標 $(a, b, \min L)$ が決まる，すなわち，$\min L$ が求まります。

さて，L を

$$L = \left(\sum_{i=1}^{N} x_i{}^2\right) \cdot a^2 + \left\{b \cdot \sum_{i=1}^{N} 2x_i + \sum_{i=1}^{N}(-2x_i \cdot y_i)\right\} \cdot a$$
$$+ \left[\underbrace{\left(\sum_{i=1}^{N} 1\right)}_{=\ N} \cdot b^2 + \left\{\sum_{i=1}^{N}(-2y_i)\right\} \cdot b + \sum_{i=1}^{N} y_i{}^2 \right]$$

と，**a の 2 次式**とみなして微分すると，

$$\frac{\partial L}{\partial a} = \left(\sum_{i=1}^{N} x_i{}^2\right) \cdot 2a + \left\{b \cdot \sum_{i=1}^{N} 2x_i + \sum_{i=1}^{N}(-2x_i \cdot y_i)\right\} \cdot 1$$
$$= 2 \cdot \left(\sum_{i=1}^{N} x_i{}^2\right) \cdot a + 2 \cdot \left(\sum_{i=1}^{N} x_i\right) \cdot b - 2 \cdot \left(\sum_{i=1}^{N} x_i \cdot y_i\right)$$

$$\therefore \quad \frac{\partial L}{\partial a} = 0 \Leftrightarrow 2 \cdot \left(\sum_{i=1}^{N} x_i{}^2\right) \cdot a + 2 \cdot \left(\sum_{i=1}^{N} x_i\right) \cdot b - 2 \cdot \left(\sum_{i=1}^{N} x_i \cdot y_i\right) = 0$$

$$\Leftrightarrow \underbrace{\left(\sum_{i=1}^{N} x_i{}^2\right) \cdot a + \left(\sum_{i=1}^{N} x_i\right) \cdot b - \left(\sum_{i=1}^{N} x_i \cdot y_i\right) = 0}_{a, b\ \text{の 1 次式}} \quad \cdots\cdots ⑤$$

次に L を

$$L = \underbrace{\left(\sum_{i=1}^{N} 1\right)}_{=\ N} \cdot b^2 + \left\{a \cdot \left(\sum_{i=1}^{N} 2x_i\right) + \sum_{i=1}^{N}(-2y_i)\right\} \cdot b$$
$$+ \left[\left(\sum_{i=1}^{N} x_i{}^2\right) \cdot a^2 + \left\{\sum_{i=1}^{N}(-2x_i y_i)\right\} \cdot a + \sum_{i=1}^{N} y_i{}^2\right]$$

と，**b の 2 次式**とみなして微分すると，

$$\frac{\partial L}{\partial b} = N \cdot 2b + \left\{a \cdot \left(\sum_{i=1}^{N} 2x_i\right) + \sum_{i=1}^{N}(-2y_i)\right\} \cdot 1$$
$$= 2 \cdot N \cdot b + 2 \cdot \left(\sum_{i=1}^{N} x_i\right) \cdot a - 2 \cdot \left(\sum_{i=1}^{N} y_i\right)$$

$$\therefore \quad \frac{\partial L}{\partial b} = 0 \Leftrightarrow 2 \cdot N \cdot b + 2 \cdot \left(\sum_{i=1}^{N} x_i\right) \cdot a - 2 \cdot \left(\sum_{i=1}^{N} y_i\right) = 0$$

$$\Leftrightarrow \underbrace{N \cdot b + \left(\sum_{i=1}^{N} x_i\right) \cdot a - \left(\sum_{i=1}^{N} y_i\right) = 0}_{a, b\ \text{の 1 次式}} \quad \cdots\cdots ⑥$$

(注　この⑤，⑥式を正規方程式 (normal equation) といいます。)

それでは⑤，⑥式という連立1次方程式を解いて，未知数 a, b を求めましょう。

$$⑥ \times \frac{1}{N} \Leftrightarrow b + \underbrace{\left(\frac{1}{N}\sum_{i=1}^{N} x_i\right)}_{\text{平均 } \bar{x}} \cdot a - \underbrace{\left(\frac{1}{N}\sum_{i=1}^{N} y_i\right)}_{\text{平均 } \bar{y}} = 0$$

$$\Leftrightarrow b + \bar{x} \cdot a - \bar{y} = 0 \quad \therefore \quad b = \bar{y} - a\bar{x} \quad \cdots\cdots ⑦$$

⑦式を⑤式に代入すると，

$$\left(\sum_{i=1}^{N} x_i{}^2\right) \cdot a + \left(\sum_{i=1}^{N} x_i\right) \cdot (\bar{y} - a\bar{x}) - \left(\sum_{i=1}^{N} x_i \cdot y_i\right) = 0$$

この式の両辺に $\frac{1}{N}$ をかけると，

$$\left(\frac{1}{N}\sum_{i=1}^{N} x_i{}^2\right) \cdot a + \underbrace{\left(\frac{1}{N}\sum_{i=1}^{N} x_i\right)}_{\text{平均 } \bar{x}} \cdot \bar{y} - a \cdot \underbrace{\left(\frac{1}{N}\sum_{i=1}^{N} x_i\right)}_{\text{平均 } \bar{x}} \cdot \bar{x} - \left(\frac{1}{N}\sum_{i=1}^{N} x_i \cdot y_i\right) = 0$$

$$\Leftrightarrow \left(\frac{1}{N}\sum_{i=1}^{N} x_i{}^2 - \bar{x}^2\right) \cdot a - \left(\frac{1}{N}\sum_{i=1}^{N} x_i \cdot y_i - \bar{x}\bar{y}\right) = 0$$

ここで**分散の定義**を思い出してみましょう。

定義式：$\sigma_x{}^2 = \frac{1}{N}\sum_{i=1}^{N}(x_i - \bar{x})^2$
計算式：$\sigma_x{}^2 = \frac{1}{N}\sum_{i=1}^{N} x_i{}^2 - \bar{x}^2$

これより，

分散 $\sigma_x{}^2 = \frac{1}{N}\sum_{i=1}^{N} x_i{}^2 - \bar{x}^2$

となります。

ここで**共分散の定義**を思い出してみましょう。

定義式：$\sigma_{xy} = \frac{1}{N}\sum_{i=1}^{N}(x_i - \bar{x})(y_i - \bar{y})$
計算式：$\sigma_{xy} = \frac{1}{N}\sum_{i=1}^{N} x_i y_i - \bar{x}\bar{y}$

これより，

共分散 $\sigma_{xy} = \frac{1}{N}\sum_{i=1}^{N} x_i y_i - \bar{x}\bar{y}$

となります。

$$\Leftrightarrow \sigma_x{}^2 \cdot a - \sigma_{xy} = 0 \quad \therefore \quad a = \frac{\sigma_{xy}}{\sigma_x{}^2} \quad \cdots\cdots ⑧$$

よって，⑦，⑧式より，

$$b = \bar{y} - \frac{\sigma_{xy}}{\sigma_x{}^2} \cdot \bar{x}$$

となります。

また，以上のことから次の図が得られます。

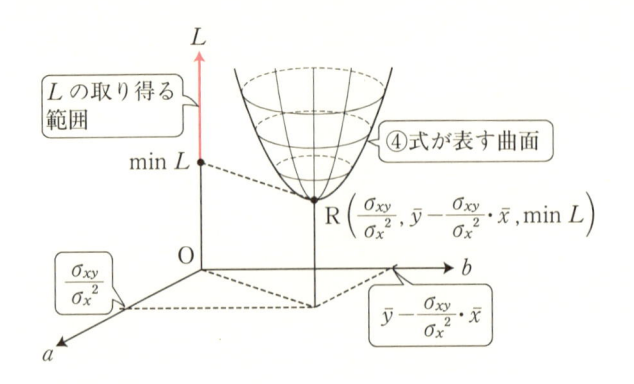

$$\begin{pmatrix} \text{注} \quad L = \left(\sum_{i=1}^{N} x_i^2\right) \cdot a^2 + \left(\sum_{i=1}^{N} 1\right) \cdot b^2 + \left(\sum_{i=1}^{N} 2x_i\right) \cdot ab \\ + \left\{\sum_{i=1}^{N}(-2x_i y_i)\right\} \cdot a + \left\{\sum_{i=1}^{N}(-2y_i)\right\} \cdot b + \sum_{i=1}^{N} y_i^2 \quad \cdots\cdots ④ \end{pmatrix}$$

つまり，$a = \dfrac{\sigma_{xy}}{\sigma_x^2}$，$b = \bar{y} - \dfrac{\sigma_{xy}}{\sigma_x^2} \cdot \bar{x}$ のとき，**min L が成り立つわけで**す。このとき「(各距離の2乗)の和が最小となる」ので，求める「(各距離の2乗)の和が最小となる」ときの直線は，

$$y = \frac{\sigma_{xy}}{\sigma_x^2} \cdot x + \left(\bar{y} - \frac{\sigma_{xy}}{\sigma_x^2} \bar{x}\right)$$

$$\Leftrightarrow (y - \bar{y}) = \frac{\sigma_{xy}}{\sigma_x^2} \cdot (x - \bar{x})$$

（この式変形より，この直線は常に点$(\bar{x}, \bar{y})$を通過することがわかります。）

となります。そして，このように求められた直線を，

y の x への回帰直線

といい，直線を求める過程で使った「(各距離の2乗)の和が最小となる」場合を考える手法を，**最小2乗法**といいます。

"y の x への回帰直線"が求められたところで，以前予告していた「$-1 \leqq$ 相関係数 $r \leqq 1$」の証明をここでします。実は，最小2乗法で求めた結果をうまく用いることによって，証明することができるのです。

証明 ——$-1 \leq$ 相関係数 $r \leq 1$——

まずは相関係数 r を思い出しましょう。

相関係数 $r = \dfrac{\sum\limits_{i=1}^{N}(x_i-\bar{x})(y_i-\bar{y})}{\sqrt{\sum\limits_{i=1}^{N}(x_i-\bar{x})^2}\sqrt{\sum\limits_{i=1}^{N}(y_i-\bar{y})^2}} = \dfrac{\sigma_{xy}}{\sqrt{\sigma_x^2}\sqrt{\sigma_y^2}} = \dfrac{\sigma_{xy}}{\sigma_x \cdot \sigma_y}$

↑"定義式"

でした。

> (2乗)≧0 より，(2乗の和)≧0 が成り立ちます。

次に，$L = \sum\limits_{i=1}^{N} d_i^2 = \sum\limits_{i=1}^{N}\{y_i-(ax_i+b)\}^2 \geq 0$ であるので **min $L \geq 0$** が成り立ち，さらに $a = \dfrac{\sigma_{xy}}{\sigma_x^2}$，$b = \bar{y} - \dfrac{\sigma_{xy}}{\sigma_x^2} \cdot \bar{x}$ のとき min L が成り立つことに注意すると，

$\min L = \sum\limits_{i=1}^{N}\left[y_i - \left\{\dfrac{\sigma_{xy}}{\sigma_x^2} \cdot x_i + \left(\bar{y} - \dfrac{\sigma_{xy}}{\sigma_x^2} \cdot \bar{x}\right)\right\}\right]^2$

$= \sum\limits_{i=1}^{N}\left\{(y_i-\bar{y}) - \dfrac{\sigma_{xy}}{\sigma_x^2} \cdot (x_i-\bar{x})\right\}^2$

$= \sum\limits_{i=1}^{N}\left\{(y_i-\bar{y})^2 - 2\cdot\dfrac{\sigma_{xy}}{\sigma_x^2}\cdot(x_i-\bar{x})(y_i-\bar{y}) + \left(\dfrac{\sigma_{xy}}{\sigma_x^2}\right)^2 \cdot (x_i-\bar{x})^2\right\}$

$= N \times \Bigg\{\underbrace{\dfrac{1}{N}\sum\limits_{i=1}^{N}(y_i-\bar{y})^2}_{=\sigma_y^2} - 2\cdot\dfrac{\sigma_{xy}}{\sigma_x^2} \times \underbrace{\dfrac{1}{N}\sum\limits_{i=1}^{N}(x_i-\bar{x})(y_i-\bar{y})}_{=\sigma_{xy}}$

$\qquad + \left(\dfrac{\sigma_{xy}}{\sigma_x^2}\right)^2 \times \underbrace{\dfrac{1}{N}\sum\limits_{i=1}^{N}(x_i-\bar{x})^2}_{=\sigma_x^2}\Bigg\}$

$= N \times \left\{\sigma_y^2 - 2\cdot\dfrac{\sigma_{xy}}{\sigma_x^2}\times\sigma_{xy} + \left(\dfrac{\sigma_{xy}}{\sigma_x^2}\right)^2 \times \sigma_x^2\right\}$

$= N \times \left(\sigma_y^2 - \dfrac{\sigma_{xy}^2}{\sigma_x^2}\right)$

$= N \times \sigma_y^2 \cdot \left\{1 - \left(\dfrac{\sigma_{xy}}{\sigma_x \cdot \sigma_y}\right)^2\right\} \geq 0$

ここで，$N > 0$ かつ $\sigma_y^2 > 0$ より，

$$1 - \left(\frac{\sigma_{xy}}{\sigma_x \cdot \sigma_y}\right)^2 \geqq 0$$

$$\therefore \quad -1 \leqq \underbrace{\frac{\sigma_{xy}}{\sigma_x \cdot \sigma_y}}_{= r} \leqq 1$$

$$\therefore \quad -1 \leqq \text{相関係数 } r \leqq 1 \qquad 【証明終わり】$$

(ii) 点と直線の距離を x 軸方向にとるとき：

$$d_i{}^2 = \left\{x_i - \left(\frac{y_i - b}{a}\right)\right\}^2$$
$$= x_i{}^2 - 2x_i \cdot \frac{y_i - b}{a} + \left(\frac{y_i - b}{a}\right)^2$$

と展開すると，(i)の場合と異なり，a の分数式などが出てきてしまい，(i)のようにうまく $L = \sum_{i=1}^{N} d_i{}^2$ の計算ができそうにありません。

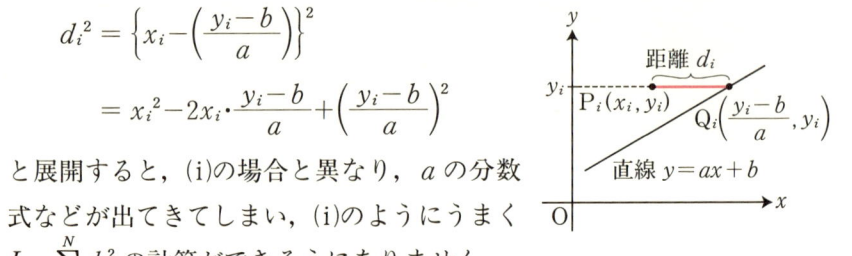

そこで一工夫，グラフの x 軸と y 軸を入れ替えてしまい，さらに，$c = \dfrac{1}{a}$，$d = -\dfrac{b}{a}$ とおくと，上図は下図のようになります。

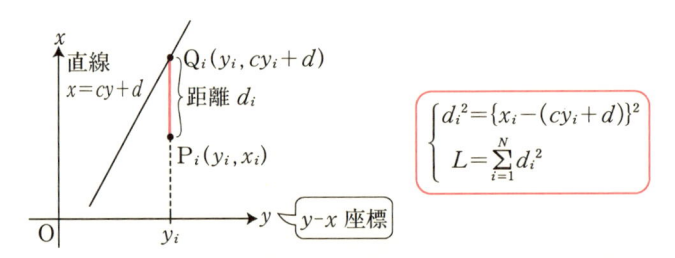

$$\begin{cases} d_i{}^2 = \{x_i - (cy_i + d)\}^2 \\ L = \sum_{i=1}^{N} d_i{}^2 \end{cases}$$

これは，(i)を「$y_i \to x_i$，$x_i \to y_i$，$a \to c$，$b \to d$」と置き換えた場合と同じになります。よって，(i)で得られた結果を応用することができて，

$$\therefore \quad \begin{cases} c = \dfrac{\sigma_{xy}}{\sigma_y{}^2} \\ d = \bar{x} - \dfrac{\sigma_{xy}}{\sigma_y{}^2} \cdot \bar{y} \end{cases}$$

となることがわかります。この場合の回帰直線は，

$$x = \frac{\sigma_{xy}}{\sigma_y^2} \cdot y + \left(\bar{x} - \frac{\sigma_{xy}}{\sigma_y^2} \cdot \bar{y}\right)$$

$$\Leftrightarrow x - \bar{x} = \frac{\sigma_{xy}}{\sigma_y^2} \cdot (y - \bar{y})$$

> この式変形より，この直線は常に点 $(\bar{y}, \bar{x})$（y-x 座標において）を通過することがわかります．

となり，この直線を，

x の y への回帰直線

といいます．

(iii) **点と直線の距離を点から直線に下ろした垂直の足方向にとるとき：**

$$d_i^2 = \frac{(ax_i - y_i + b)^2}{a^2 + 1}$$

この式を展開すると，(ii)のときよりもさらに複雑な式が出てきてしまい，$L = \sum_{i=1}^{N} d_i^2$ の計算はとても面倒なことになってしまいます．

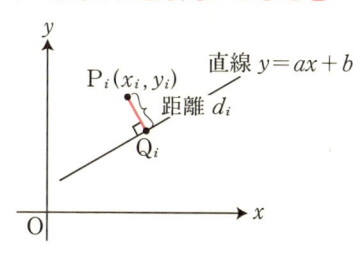

実は，回帰直線において(iii)の考え方は採用しません．なぜなら，回帰直線の目的はあくまでも，

散布図上の，各点の分布状態を直線で近似する

ことであり，あまり厳密性を求めていないからです．

よって，(iii)の考え方による回帰直線は定義しません．

回帰直線のまとめ

　変量 $x_i, y_i (i=1,2,3,\cdots,N)$ に基づいた散布図上の点 (x_i, y_i) の分布状態が<u>直線的状態</u>となっているとき，その直線的状態をうまく表す直線を<u>回帰直線</u>といいます。

(i)　y の x への回帰直線…各点 (x_i, y_i) からの，(y 軸方向の距離の 2 乗)の和が最小となる直線を

y の x への回帰直線

といい，

$$(y-\bar{y}) = \frac{\sigma_{xy}}{\sigma_x^2} \cdot (x-\bar{x})$$

> 平均：$\bar{x}, \bar{y}$，分散：σ_x^2，共分散：σ_{xy} で，この直線は点 $(\bar{x}, \bar{y})$ を通過する。

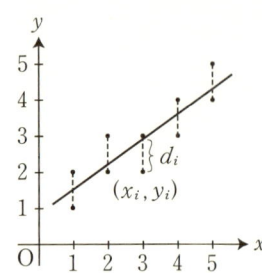

と表すことができます。

(ii)　x の y への回帰直線…各点 (x_i, y_i) からの，(x 軸方向の距離の 2 乗)の和が最小となる直線を

x の y への回帰直線

といい，

$$(x-\bar{x}) = \frac{\sigma_{xy}}{\sigma_y^2} \cdot (y-\bar{y})$$

> 平均：$\bar{x}, \bar{y}$，分散：σ_y^2，共分散：σ_{xy} で，この直線は点 $(\bar{x}, \bar{y})$ を通過する。

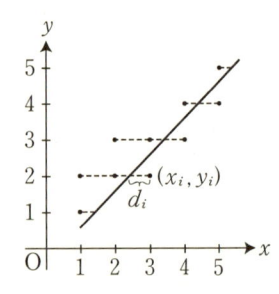

と表すことができます。

（注　上図からもわかるとおり，同じ散布図であっても，"y の x への回帰直線"と"x の y への回帰直線"が一致するとは限りません。）

演習問題 6-1 次の表は，あるターミナル駅周辺における単身者向けの新築賃貸物件の，駅からの所要時間（徒歩）と賃料に関する表（実習問題3-2と同じ表）である。

所要時間(分)	3	3	5	6	6	7	9	12	14	15
賃料(万円)	13.2	12	12.5	11	11.5	10.5	10	9.7	9	8.6

所要時間を変量 x，賃料を変量 y として，y の x への回帰直線を求め，そのグラフを散布図の中に描け。

解答&解説 実習問題 3-2 で求めたように，
$$\bar{x} = 8, \ \bar{y} = 10.8, \ \sigma_{xy} = -5.6$$
である。次に σ_x^2 を求めると，

$$\sigma_x^2 = \frac{1}{10}\{(3-8)^2+(3-8)^2+(5-8)^2+(6-8)^2+(6-8)^2$$
$$+(7-8)^2+(9-8)^2+(12-8)^2+(14-8)^2+(15-8)^2\}$$
$$= \frac{1}{10}(25+25+9+4+4+1+1+16+36+49)$$
$$= 17$$

となる。よって，回帰直線の方程式は，

$$(y-\bar{y}) = \frac{\sigma_{xy}}{\sigma_x^2}(x-\bar{x}) \Rightarrow y-10.8 = \frac{-5.6}{17}(x-8)$$

すなわち，

$$y = -0.33x + 13.4$$

となる。

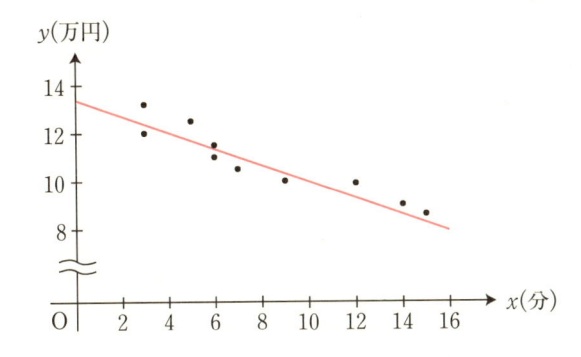

単位が取れる統計ノート

第2部
統計的推測

Take it easy!

LECTURE 07 離散型確率変数

● 離散型確率変数

今,上のようなコインを取り出して投げることを考えてみましょう。結果として,コインは表または裏が出ることになります(コインが立ってしまうことも考えられなくはありませんが,ここでは無視することにします)。このときコインの表が出る事象に対して数字の 0 が,裏が出る事象に対して数字の 1 が対応すると約束しましょう。

ここで,コインには表または裏の 2 通りの出方があるので,表が出る確率と裏が出る確率はそれぞれ $\frac{1}{2}$ となります(というよりも,"$\frac{1}{2}$"とするのが最も合理的な見積もりだと考えられます)。

Review

1つの試行において，起こりうる事柄・事象の1つ1つが同程度

> 例 コインを投げる，サイコロを振るなど。

> 例 コインの表・裏が出る，サイコロの目 ⚀⚁⚂⚃⚄⚅ が出るなど。

の割合で起こると予想できるとき，ある事柄・事象が起こる**確率**を

"同様に確からしい"

> 例 コインの表が出る，サイコロの目 ⚀ が出るなど。

次のように定義します。

$$\text{確率}: P(A) = \frac{\text{事象 } A \text{ の起こりうる場合の数}}{\text{起こりうるすべての場合の数}}$$

> A が起こる確率という意味です。

> 例 コインの出方の総数は表・裏の2通り，表が出る場合の数は1通り，∴確率 $=\frac{1}{2}$。

ここで着目したいのは，

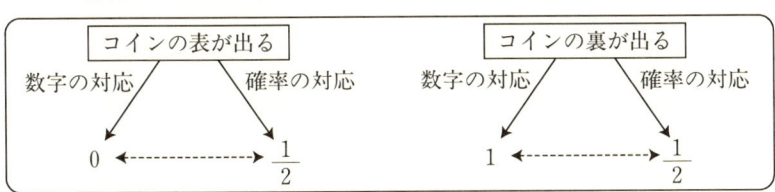

コインの表が出る	コインの裏が出る
数字の対応　確率の対応	数字の対応　確率の対応
$0 \longleftrightarrow \frac{1}{2}$	$1 \longleftrightarrow \frac{1}{2}$

のように，

$$\text{数字 } 0 \text{ に対して，確率 } \frac{1}{2} \text{ が対応}$$

$$\text{数字 } 1 \text{ に対して，確率 } \frac{1}{2} \text{ が対応}$$

という関係です。例えばコインを投げるという試行において，"表・裏が出るという事象に対応する数字：0, 1"は，変数としての振る舞いをしま

講義07●離散型確率変数

す。そして，その変数：0,1には，それぞれ確率：$\frac{1}{2}$が対応・付随しているのです。

このように，取り得る変数1つ1つに確率が対応している変数のことを，**確率変数**といいます。

ところで，この変数0と1の間には，

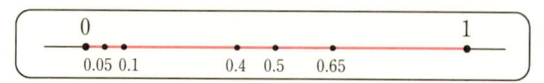

$$0 \quad 0.05 \; 0.1 \quad\quad 0.4 \; 0.5 \quad 0.65 \quad\quad 1$$

のように0.1や0.05など，限りなく多くの数が存在していますが，それらの数は無視・飛ばして考えます。つまり，「0からイキナリとびとびの値1を考えている」わけです。

このように，取り得る変数に確率が対応していて，さらに，とびとびの値をとる変数のことを 離散型確率変数 といいます。

それでは，コイン以外の離散型変数の例として，サイコロを見てみましょう。

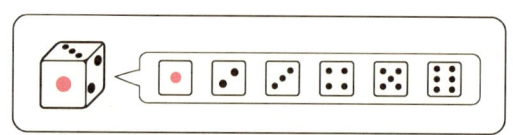

上のようなサイコロにおいて，各目の数が**変数**として対応すると考えられます。

⚀→1 ⚁→2 ⚂→3 ⚃→4 ⚄→5 ⚅→6

このとき，各目の数に対して，それぞれ確率：$\frac{1}{6}$が対応・付随します。

> サイコロの目の総数は **6通り**で，それらの出方は同様に確からしいとします。そして各目は⚀や⚁などそれぞれ **1通り**。よって確率の定義より，
> ∴ 確率 $= \frac{1}{6}$

さらにこの変数は，1,2,3,4,5,6という**とびとびの値**をとるので，

サイコロの各目の数は，離散型確率変数として扱える

わけです。

☞離散型確率変数が対象とする数は，あくまでもとびとびの値でありさえすればよく，変数の個数が有限個に限定されるわけではありませんので，注意して下さい。すなわち，

$$\{1,2,3,4,5,6\}$$

全部で6個 → 有限個

の場合だけでなく，

$$\{1,2,3,4,5,6,7,\cdots\}$$

全部で無限個（ずっと続く！）

の場合でも，各々の変数に確率が対応していれば，離散型確率変数の対象となります。

●確率分布

ここまで見てきた，確率変数と確率の対応を1つの表にまとめたものを，**確率分布表**といいます。

例　試行：コインを投げる

$$\begin{cases} \text{・表が出る：確率変数 0 を対応させる} \Rightarrow 確率 \dfrac{1}{2} \\ \text{・裏が出る：確率変数 1 を対応させる} \Rightarrow 確率 \dfrac{1}{2} \end{cases}$$

確率分布表

確率変数	0	1
確率	$\dfrac{1}{2}$	$\dfrac{1}{2}$

一般に，離散型確率変数 X が $x_1, x_2, x_3, \cdots, x_k, \cdots$ という値をとり，その各々の値に対して，確率が $p_1, p_2, p_3, \cdots, p_k, \cdots$ と対応するとき，これ

> つまり，$P(X=x_1)=p_1$，$P(X=x_2)=p_2$，$P(X=x_3)=p_3$，
> （$X=x_1$ のときの確率という意味です！）
> $\cdots$，$P(X=x_k)=p_k$，$\cdots$ ということです。

らを1つの表にまとめたものを，**確率分布表**といいます。

講義07 ●離散型確率変数

確率分布表

離散型確率変数 X	x_1	x_2	x_3	$\cdots$	x_k	$\cdots$
確　　率	p_1	p_2	p_3	$\cdots$	p_k	$\cdots$

また，確率変数に対応する確率は，確率変数に応じて変化するため，関数としての関係が成り立つので，確率変数 X の確率 $P(X)$ を確率分布関数，あるいは省略して確率分布といいます。

●離散型確率変数の期待値・分散

今，「1枚のコインを投げる」としましょう。このとき，コインは表・裏がどの程度出ると予想・期待できるでしょうか。コインに重さなどの偏りがない限り，どちらの事象の確率も $\dfrac{1}{2}$ と考えられるので，「表・裏は同程度に出る」ことが期待できそうです。

しかし，ここではもう少し別の視点からこの"期待"を考えてみます。

コインの表・裏が出るという事象において，

　　　表が出る → 確率変数 0　　　裏が出る → 確率変数 1

と対応させます。

さて，コインを1回投げるときに期待できる確率変数は，我々の経験に基づけば，

$$\text{取り得る確率変数の平均値}$$

になると考えられます。つまり，

　　　(コインを1回投げるときに期待できる確率変数)

　　　= (取り得る確率変数の平均値)

　　　= $\dfrac{0+1}{2}$

　　　= 0.5

ということです。もっとも，0.5 という値は確率変数としては定義していません。ただ，統計学的にはこの値を**平均値**，または**期待値**と呼んでいます。

しかし，期待できる確率変数は，0.5 近辺の取り得る確率変数 0 また

は 1 と考えることもできるのではないでしょうか。つまり，

1 回コインを投げる度に表または裏が同程度に出る

と逆に"期待"できそうです。

　ここで別の例を見てみましょう。

　「サイコロを 1 回振る」という試行を考えます。このとき，出る目は⚀⚁⚂⚃⚄⚅のどれが期待できるでしょうか。ここで各事象を

⚀ → 確率変数 1 　　⚁ → 確率変数 2 　　⚂ → 確率変数 3
⚃ → 確率変数 4 　　⚄ → 確率変数 5 　　⚅ → 確率変数 6

と対応させます。ここで先程の考えを用いると，

$$（サイコロを 1 回振るとき期待できる確率変数）$$
$$= （取り得る確率変数の平均値）$$
$$= \frac{1+2+3+4+5+6}{6}$$
$$= 3.5$$

となります。もちろん 3.5 という値は確率変数としては定義していませんが，統計学的には**期待値（平均値）**となります。

　感覚的には，3.5 近辺の取り得る確率変数 3 または 4，すなわち⚂または⚃が 1 回サイコロを振ることによって出ると"期待"できそうです。

　さらに別の例を考えてみます。

　今，「3 千円の買い物をすると，クジ引きの抽選券が 1 枚もらえる」としましょう。箱の中には，100 枚のクジが入っており，内訳は次の表のようになっているとします。

1 賞	1 万円	10 本
2 賞	千円	20 本
ハズレ	0 円	70 本

　一番最初にクジを引く人の獲得が期待できそうな金額は，いくらでしょうか？　普通に考えると，賞金金額の総額をクジの総本数で割った金額と考えられます。

講義07 ●離散型確率変数

つまり，

$$(獲得が期待できそうな金額) = \frac{10000 \times 10 + 1000 \times 20 + 0 \times 70}{100}$$

$$= 1200 (円)$$

この1200円という値は，**賞金金額の平均値**ともいえます。3千円の買い物をして，1200円のリターンがあれば悪くはないですね。

さらに統計学的に考えると，

> 1万円 → 確率変数10000　　千円 → 確率変数1000　　0円 → 確率変数0

と対応させることにより，

$$(最初にクジを引く人の期待できる確率変数)$$
$$= (取り得る確率変数の平均値)$$
$$= \frac{10000 \times 10 + 1000 \times 20 + 0 \times 70}{100}$$
$$= 1200$$

となります。もちろん，1200という値は確率変数としては定義していませんが，統計学的には，**期待値(平均値)** となります。

このクジ引きに対して，別の 視点 を与えます。今は確率変数の期待値を考えていますが，ここに確率を登場させることにしましょう。

1賞	1万円	10本	確率：$\frac{10}{100}$
2賞	千円	20本	確率：$\frac{20}{100}$
ハズレ	0円	70本	確率：$\frac{70}{100}$

ここで先程の期待値を取り出し変形すると，

$$(期待値) = \frac{10000 \times 10 + 1000 \times 20 + 0 \times 70}{100}$$

$$= \underbrace{10000}_{\text{“確率変数”}} \times \underbrace{\frac{10}{100}}_{\text{“確率”}} + \underbrace{1000}_{\text{“確率変数”}} \times \underbrace{\frac{20}{100}}_{\text{“確率”}} + \underbrace{0}_{\text{“確率変数”}} \times \underbrace{\frac{70}{100}}_{\text{“確率”}}$$

とすることができます。つまり，

$$\text{期待値（平均値）} = \sum \text{確率変数} \times \text{確率}$$

という形に期待値を変形させられるわけです。このことは，離散型確率変数の期待値一般に対して成り立ちます。

以上のことをまとめると，次のようになります。

ある事象の離散型確率変数 x_k において，確率が $p_k(=P(X=x_k))$ と対応するとき，

> 確率変数が $X=x_k$ のときの確率が p_k という意味です。

確率分布表

確率変数	x_1	x_2	$\cdots$	x_k	$\cdots$	
確率	p_1	p_2	$\cdots$	p_k	$\cdots$	合計 1

期待値 $E(X) = x_1 \cdot p_1 + x_2 \cdot p_2 + \cdots + x_k \cdot p_k + \cdots$
(平均値)
$$= \sum_{k=1} x_k \times p_k$$

と定義します。

さらにもう1点。

Review

1つの試行において，起こりうる各事象の確率が $p_k(k=1,2,3,\cdots)$ となるとき，p_k は必ず次を満たします。

(i) $p_k \geqq 0$　　〈確率は負の値をとらないということです。〉

(ii) $\sum_{k=1} p_k = p_1 + p_2 + \cdots + p_k + \cdots = 1$　　〈確率をすべて足すと1になるということです。〉

さて，離散型確率変数の期待値(平均値)を求めましたが，それでは次に**確率変数のバラツキ具合**を調べてみることにしましょう。**バラツキ具合**を表す指針として，記述統計では分散・標準偏差を導入しましたね。ここでも同じ考えを採用することにします。

講義07 ● 離散型確率変数

記述統計の復習

各データ $x_i(i=1,2,\cdots,N)$ の平均値を μ とするとき,

(i) 分散: $\sigma^2 = \dfrac{1}{N}\sum_{i=1}^{N}(x_i-\mu)^2$ 定義式

(ii) 標準偏差: $\sigma = \sqrt{分散}$

ここで分散 σ^2 の式の意味を考えてみると, $\dfrac{1}{N}$ はデータ x_i の相対度数を表しているといえるのではないでしょうか。ということは,

度数分布の世界:相対度数 $\dfrac{1}{N}$ 　全データ数の中の, データ x_i の割合。

↓

確率分布の世界:確率 p_k 　すべての場合の数の中の, ある事象の場合の数の割合。

という対応ができそうです。それではこの考えを応用して,確率変数における分散・標準偏差を定義しましょう。しかし,1つ注意することがあります。それは,「相対度数 $\dfrac{1}{N}$ は一定な値」なのに対して,「確率 p_k は k に応じて変わる」ということです。この点に注意すると,

ある事象の離散型確率変数:x_k において,確率が $p_k(=P(X=k))$ と対応するとき,

確率分布表

確率変数	x_1	x_2	$\cdots$	x_k	$\cdots$	
確　率	p_1	p_2	$\cdots$	p_k	$\cdots$	合計 1

(i) 定義式　分散: $V(X)$
$= (x_1-\mu)^2 \cdot p_1 + (x_2-\mu)^2 \cdot p_2 + \cdots + (x_k-\mu)^2 \cdot p_k + \cdots$
$= \sum_{k=1}(x_k-\mu)^2 \times p_k$ 　(期待値: $\mu = E(X)$)

計算式　分散: $V(X) = E(X^2) - \{E(X)\}^2 = E(X^2) - \mu^2$

確率変数 X^2 の期待値　　確率変数 X の期待値の 2 乗

(ii) 標準偏差: $\sigma(X) = \sqrt{V(X)}$

分散 $V(X)$ の 定義式 ⇒ 計算式 の証明

$$\begin{aligned}
分散\ V(X) &= \sum_{k=1}(x_k-\mu)^2 \times p_k \\
&= \sum_{k=1}(x_k{}^2 - 2\cdot\mu\cdot x_k + \mu^2) \times p_k \\
&= \underbrace{\sum_{k=1}x_k{}^2 \times p_k}_{E(X^2)} - 2\underbrace{\mu}_{E(X)} \cdot \underbrace{\sum_{k=1}x_k \times p_k}_{E(X)} + \underbrace{\mu^2}_{\{E(X)\}^2} \cdot \underbrace{\sum_{k=1}p_k}_{1} \quad \text{確率のすべての和は1} \\
&= E(X^2) - 2\{E(X)\}^2 + \{E(X)\}^2 \cdot 1 \\
&= E(X^2) - \{E(X)\}^2
\end{aligned}$$

【証明終わり】

この定義に従って,先程のクジ引きの例を考えてみましょう。

確率分布表

確率変数	10000	1000	0	合計1
確率	$\dfrac{10}{100}$	$\dfrac{20}{100}$	$\dfrac{70}{100}$	

① 期待値 $E(X) = 10000 \times \dfrac{10}{100} + 1000 \times \dfrac{20}{100} + 0 \times \dfrac{70}{100}$

$\qquad\qquad\quad = 1200$

② $E(X^2) = (10000)^2 \times \dfrac{10}{100} + (1000)^2 \times \dfrac{20}{100} + (0)^2 \times \dfrac{70}{100}$

$\qquad\quad\ = 10200000$

確率変数が X であろうと X^2 であろうと,対応する確率は同じです。

となるので,

$\quad$ 分散 $V(X) = E(X^2) - \{E(X)\}^2$

$\qquad\qquad\ = 10200000 - (1200)^2$

$\qquad\qquad\ = 8760000$

③ 標準偏差 $\sigma(X) = \sqrt{V(X)}$

$\qquad\qquad\quad = \sqrt{8760000}$

$\qquad\qquad\quad \fallingdotseq 2960$

と求まります。

●離散型確率変数の期待値・分散の性質

> ある試行の離散型確率変数 X において,期待値 $E(X)$,分散 $V(X)$ となるとき, ($X = x_1, x_2, \cdots x_k, \cdots$)
> (i) 確率変数 $aX+b$ (a, b:定数)の期待値は,
> $$E(aX+b) = a \cdot E(X) + b$$
> (ii) 確率変数 $aX+b$ (a, b:定数)の分散は,
> $$V(aX+b) = a^2 \cdot V(X)$$
> となります。

証明

(i) $E(aX+b) = \sum_{k=1}(a \cdot x_k + b) \times p_k$ ＜期待値の定義式

$\qquad\qquad = a \cdot \underbrace{\sum_{k=1} x_k \times p_k}_{E(X)} + b \cdot \underbrace{\sum_{k=1} p_k}_{1}$

$\qquad\qquad = a \cdot E(X) + b$

(ii) まずは,次の分散と期待値の関係に着目すると

$\qquad V(X) = \underbrace{\sum_{k=1}(x_k - \mu)^2 \times p_k}_{} = E\{(X-\mu)^2\}$

> $E(X) = \sum_{k=1} x_k \times p_k$ の式の,x_k のところに $(x_k - \mu)^2$ を代入した形と見ることもできますね。

$\qquad \therefore \quad V(X) = E\{(X-\mu)^2\}$ "確率変数 X の期待値"

この関係を用いると,

$V(aX+b) = E[\{(aX+b) - (a\mu+b)\}^2]$
$\qquad\qquad = E[\{a(X-\mu)\}^2]$ "確率変数 $aX+b$ の期待値"
$\qquad\qquad = E(a^2(X-\mu)^2)$ ＜ $= \sum_{k=1} a^2 \cdot (x_k-\mu)^2 \times p_k = a^2 \cdot \underbrace{\sum_{k=1}(x_k-\mu)^2 \times p_k}_{E\{(X-\mu)^2\}}$
$\qquad\qquad = a^2 \cdot E\{(X-\mu)^2\}$ と変形できますね。
$\qquad\qquad = a^2 \cdot V(X)$

【証明終わり】

> **演習問題 7-1**
>
> ある小学校の6年生のクラスで算数のテストを実施したところ,クラス25名の得点は以下のようになった(満点100点)。
>
> 65　70　55　45　65　60　65　60　60　70
> 50　65　55　75　70　65　65　75　65　65
> 70　70　60　60　75
>
> (1) 確率分布表をつくれ。
> (2) 平均,分散を求めよ。

解答&解説

(1) 得点を小さい方から順に並べ換えると,

45　50　55　55　60　60　60　60　60
65　65　65　65　65　65　65　65
70　70　70　70　70　75　75　75

となる。よって確率変数を X_i とすると,$i=1,2,\cdots,7$ のもとで

$X_1 = 45,\ X_2 = 50,\ X_3 = 55,\ X_4 = 60,\ X_5 = 65,\ X_6 = 70,\ X_7 = 75$

となる。確率分布関数 $P(X_i)$ を考えると,

$$P(X_1) = \frac{1}{25},\ P(X_2) = \frac{1}{25},\ P(X_3) = \frac{2}{25},\ \cdots,\ P(X_7) = \frac{3}{25}$$

となるので,求める確率分布表は,

X_i	45	50	55	60	65	70	75
$P(X_i)$	$\frac{1}{25}$	$\frac{1}{25}$	$\frac{2}{25}$	$\frac{5}{25}$	$\frac{8}{25}$	$\frac{5}{25}$	$\frac{3}{25}$

である。

(2) 平均 μ は,

$$\mu = \sum_{i=1}^{7} X_i P(X_i) = 45 \times \frac{1}{25} + 50 \times \frac{1}{25} + \cdots + 75 \times \frac{3}{25} = 64$$

である(普通クラスの平均点というのは,この μ のことを指す)。

一方,分散 $V(X)$ は,

$$V(X) = \sum_{i=1}^{7}(X_i-\mu)^2 P(X_i)$$

$$= (45-64)^2 \times \frac{1}{25} + (50-64)^2 \times \frac{1}{25} + (55-64)^2 \times \frac{2}{25}$$

$$+ (60-64)^2 \times \frac{5}{25} + (65-64)^2 \times \frac{8}{25} + (70-64)^2 \times \frac{5}{25}$$

$$+ (75-64)^2 \times \frac{3}{25}$$

$$= \frac{1}{25}(361+196+162+80+8+180+363) = 54$$

である。

$\left(\begin{array}{l} \text{注}\quad \boxed{\text{計算式}}\ V(X) = E(X^2) - \{E(X)\}^2\ \text{を用いて求めてもかまいません。この} \\ \text{とき}\ E(X)=\mu\ \text{です。} \end{array} \right)$

LECTURE 08 さまざまな確率分布１
── 一様分布，二項分布，ポアソン分布 ──

本講では主な**確率分布(確率分布関数)** $p_k(=P(X=x_k))$ を見ていきましょう。

ここで，

関数 $f(x) = \begin{cases} p_k & (x=x_k \text{ のとき}) \quad (k=1,2,\cdots) \\ 0 & (x \neq x_k \text{ のとき}) \end{cases}$

を**確率関数**といいます。

●一様分布

離散一様分布

定義 離散型確率変数 X において，確率関数 $f(x)$ が

$$f(x) = \begin{cases} \dfrac{1}{n} & (x=x_k \text{ のとき}) \quad (\text{ただし，}n:\text{一定},\ k=1,2,\cdots) \\ 0 & (x \neq x_k \text{ のとき}) \end{cases}$$

となるとき，**離散一様分布**といいます。

(i) コインを1回投げるとき：

> 表が出る → 確率変数 0 　　裏が出る → 確率変数 1

と対応させると，次のようになる。

確率分布表

確率変数	0	1	
確　率	$\dfrac{1}{2}$	$\dfrac{1}{2}$	合計 1

・確率関数 $f(x) = \begin{cases} \dfrac{1}{2} & (x=0, 1 \text{ のとき}) \\ 0 & (x \neq 0, 1 \text{ のとき}) \end{cases}$

●確率関数 $f(x)$ のグラフ

(ii) サイコロを1回投げるとき：

⚀ → 確率変数 1 　⚁ → 確率変数 2 　⚂ → 確率変数 3
⚃ → 確率変数 4 　⚄ → 確率変数 5 　⚅ → 確率変数 6

と対応させると，次のようになる。

確率分布表

確率変数	1	2	3	4	5	6	
確　率	$\dfrac{1}{6}$	$\dfrac{1}{6}$	$\dfrac{1}{6}$	$\dfrac{1}{6}$	$\dfrac{1}{6}$	$\dfrac{1}{6}$	合計 1

・確率関数 $f(x) = \begin{cases} \dfrac{1}{6} & (x=1, 2, 3, 4, 5, 6 \text{ のとき}) \\ 0 & (x \neq 1, 2, 3, 4, 5, 6 \text{ のとき}) \end{cases}$

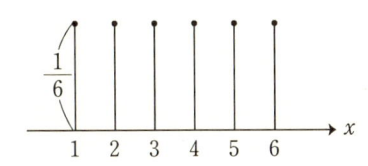

●確率関数 $f(x)$ のグラフ

●二項分布

> ### ベルヌーイ試行と二項分布
>
> **定義** 各回の試行で，確率を伴う事象が同一，かつ独立ならば，こ
> > 同じ事象が起きるということ。
>
> > 各回の試行がお互いに何の影響も与えないということ。
>
> の試行を**ベルヌーイ試行**といいます。
>
> n 回のベルヌーイ試行のうち，x 回成功 $(x=0,1,2,\cdots,n)$ し，各回
> > つまり，$(n-x)$ 回失敗ということです。
>
> の成功確率が p（：一定）であるとき，この成功回数 x を離散型確率
> > つまり，失敗確率は $(1-p)$ ということです。
>
> 変数として捉えると，確率関数 $f(x)$ は，
> $$f(x) = \begin{cases} {}_n\mathrm{C}_x \cdot p^x (1-p)^{n-x} & (x=0,1,\cdots,n \text{ のとき}) \\ 0 & (x \neq 0,1,\cdots,n \text{ のとき}) \end{cases}$$
> となります。またこの確率分布は，試行の全回数 n と成功確率 p が定まると一意に決まるので，**二項分布**（$B(n,p)$）といいます。

説明 n 回ベルヌーイ試行をして，そのうち x 回成功するとします。また，成功確率を p，失敗確率を $1-p$ として，次の例を考えます。

ベルヌーイ試行	1回目	2回目	3回目	……	n 回目	
成功○・失敗×	○	×	×	……	○	○が x 個，×が $(n-x)$ 個
確率	p	$1-p$	$1-p$	……	p	p が x 個，$(1-p)$ が $(n-x)$ 個

例のようになる確率は，$p \times (1-p) \times (1-p) \times \cdots \times p = p^x \cdot (1-p)^{n-x}$ です。

> p が x 個，$(1-p)$ が $(n-x)$ 個です。

ところでこの確率は，成功する回・失敗する回が異なるパターンに
> 上の表で，○と×の入る位置が替わるだけです！

なっていても同じ値になります。ですから，この確率にパターンの数をかければ，x 回成功する確率がわかることになります。

それでは，n 回の試行で x 回成功するパターン(場合の数)がいくつあるかを数えましょう。

　　　　(n 回の試行で x 回成功する場合の数)
　　　＝(x 個の○と $(n-x)$ 個の×を n 個のマスに入れるときの場合の数)
　　　＝${}_nC_x$　(通り)

> **二項係数**といい，n 個のモノから x 個のモノを取り出すときの組み合わせの数を表しています。また，${}_nC_x = \dfrac{n!}{x!(n-x)!}$ です。

> n 個のマス
> ここに，x 個の○と $(n-x)$ 個の×を入れる！

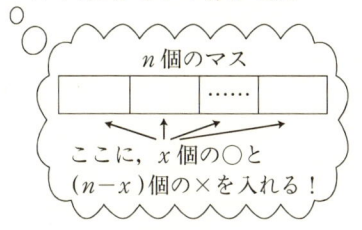

この ${}_nC_x$ 通りの1通り・1通り(つまり，各通り)に確率 $p^x \cdot (1-p)^{n-x}$ が対応しているのですから，考えている確率は

$$\underbrace{p^x \cdot (1-p)^{n-x} + p^x \cdot (1-p)^{n-x} + \cdots + p^x \cdot (1-p)^{n-x}}_{\text{"全部で }{}_nC_x\text{ 個"}}$$

となり，つまり，

> n 回ベルヌーイ試行をして x 回成功する確率(各回の成功確率 p，失敗確率 $1-p$)は，
>
> $${}_nC_x \times \{p^x \cdot (1-p)^{n-x}\}$$
>
> となる

わけです。

さらに，n 回ベルヌーイ試行をしたときの全確率は1となります。つまり，$x = 0, 1, \cdots, n$ となるときの確率の和は1，これを数式で表すと，

$$\sum_{x=0}^{n} {}_nC_x \times \{p^x \cdot (1-p)^{n-x}\} = 1 \quad \cdots\cdots(*)$$

が成立します。念のためにこの式を証明しますが，その前に高校数学で登場する次の定理を思い出してもらいましょう。

Review —— 二項定理 ——

$$(a+b)^n = {}_nC_0 \cdot a^n b^0 + {}_nC_1 \cdot a^{n-1} b^1 + {}_nC_2 \cdot a^{n-2} b^2$$
$$+ \cdots + {}_nC_{n-1} \cdot a^1 b^{n-1} + {}_nC_n \cdot a^0 b^n$$
$$= \sum_{r=0}^{n} {}_nC_r \cdot a^{n-r} b^r$$

が成立します。またこの "$a^{n-r}b^r$ の係数部分：${}_nC_r$" を**二項係数**といいます。

この二項定理に「$a=1-p,\ b=p,\ r=x$」を代入すると，

$$\{(1-p)+p\}^n = \sum_{x=0}^{n} {}_nC_x \cdot (1-p)^{n-x} p^x$$

$$\Leftrightarrow\quad 1^n = \sum_{x=0}^{n} {}_nC_x \cdot p^x (1-p)^{n-x}$$

$$\therefore\quad \sum_{x=0}^{n} {}_nC_x \cdot p^x (1-p)^{n-x} = 1$$

この式は，(∗)式の成立を示します。 【証明終わり】

次に，二項分布の確率関数 $f(x)$ のグラフを描きますが，このグラフは n, x の値により変わるので，いくつかの例を提示しておきます。

その前に計算の工夫を1つ。確率関数 $f(x)$ で $x=0, 1, \cdots, n$ のとき，

$$\frac{f(x+1)}{f(x)} = \frac{{}_nC_{x+1} \times p^{x+1} \cdot (1-p)^{\{n-(x+1)\}}}{{}_nC_x \times p^x \cdot (1-p)^{n-x}}$$

$$= \frac{\dfrac{n!}{(x+1)!\{n-(x+1)\}!} \times p^{x+1} \cdot (1-p)^{(n-x-1)}}{\dfrac{n!}{x!(n-x)!} \times p^x \cdot (1-p)^{n-x}}$$

$$= \cdots = \frac{(n-x) \cdot p}{(x+1) \cdot (1-p)}$$

$$\therefore\quad \boldsymbol{f(x+1) = \frac{(n-x) \cdot p}{(x+1) \cdot (1-p)} \times f(x)}$$

が成立するので，これを用いて計算すると便利です。

(i) $n=4$, $p=\dfrac{1}{6}$ のときの二項分布：$B(n,p)$

・確率関数 $f(x)$ は,

$$\begin{cases} f(0) = {}_4C_0 \times \left(\dfrac{1}{6}\right)^0 \cdot \left(1-\dfrac{1}{6}\right)^{4-0} = \dfrac{625}{1296} \fallingdotseq 0.482 \\[2mm] f(1) = \dfrac{(4-0)\cdot\dfrac{1}{6}}{(0+1)\cdot\left(1-\dfrac{1}{6}\right)} \times f(0) = \dfrac{125}{324} \fallingdotseq 0.386 \\[2mm] f(2) = \dfrac{(4-1)\cdot\dfrac{1}{6}}{(1+1)\cdot\left(1-\dfrac{1}{6}\right)} \times f(1) = \dfrac{25}{216} \fallingdotseq 0.116 \\[2mm] f(3) = \dfrac{(4-2)\cdot\dfrac{1}{6}}{(2+1)\cdot\left(1-\dfrac{1}{6}\right)} \times f(2) = \dfrac{5}{324} \fallingdotseq 0.015 \\[2mm] f(4) = \dfrac{(4-3)\cdot\dfrac{1}{6}}{(3+1)\cdot\left(1-\dfrac{1}{6}\right)} \times f(3) = \dfrac{1}{1296} \fallingdotseq 0.001 \end{cases}$$

よって,

二項分布 $B\left(4,\dfrac{1}{6}\right)$ の確率分布表

確率変数	0	1	2	3	4	
確率	0.482	0.386	0.116	0.015	0.001	合計1

●確率関数 $f(x)$ のグラフ

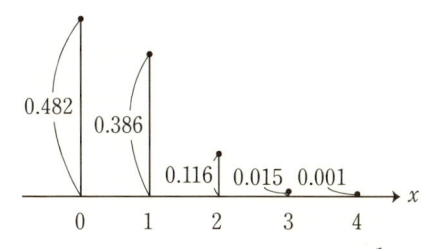

このままでは，上の例 (i) は単に $n=4$, $p=\dfrac{1}{6}$ のときの二項分布 $B(n,p)$ という抽象的な例に過ぎません。そこで，この二項分布に具体性をもたせることにします。

今,「サイコロを1回振ったときに⚀が出る」という事象を考えることにしましょう。サイコロを振るという試行は同一,かつ独立なので,この試行はベルヌーイ試行となっていますね。

このとき,サイコロを計4回振って,⚀が x 回($x=0,1,2,3,4$)出るときの確率分布は,1回振ったときの確率が

> ⚀が出る → 確率 $\frac{1}{6}$ ⚀が出ない → 確率 $\frac{5}{6}$

であり,この試行がベルヌーイ試行となっていることから,二項分布 $B\left(4,\frac{1}{6}\right)$ に従うことになります。つまり,上の例(i)は,具体的には「サイコロを計4回振って,⚀が x 回出るときの確率分布となっている」と考えることもできるのです。

それではその他の例も見てみましょう。具体的な試行回数 n,確率 p に対するいくつかの二項分布 $B(n,p)$ のグラフを,$B\left(4,\frac{1}{6}\right)$ のときと同じように,各確率関数 $f(x)$ を計算して描いてみることにします。

(ii)　$n=10$,$p=\frac{1}{6}$ の二項分布:$B(n,p)$

●二項分布 $B\left(10,\frac{1}{6}\right)$ の確率関数 $f(x)$

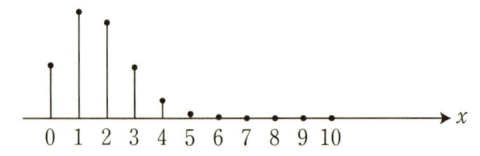

(iii)　$n=30$,$p=\frac{1}{6}$ の二項分布:$B(n,p)$

●二項分布 $B\left(30,\frac{1}{6}\right)$ の確率関数 $f(x)$

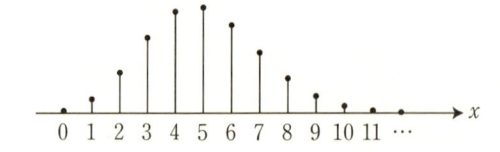

(iv)　$n=50$, $p=\dfrac{1}{6}$ の二項分布：$B(n,p)$

●二項分布 $B\left(50,\dfrac{1}{6}\right)$ の確率関数 $f(x)$

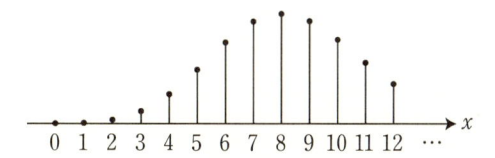

以上，例(i)～(iv)において，n の値を「$n=4 \to 10 \to 30 \to 50$」と大きくしてみました。このとき，グラフのある特徴に気づかれたでしょうか？ここでこれらのグラフをもう一度，ある特徴が出るように並べてみます。

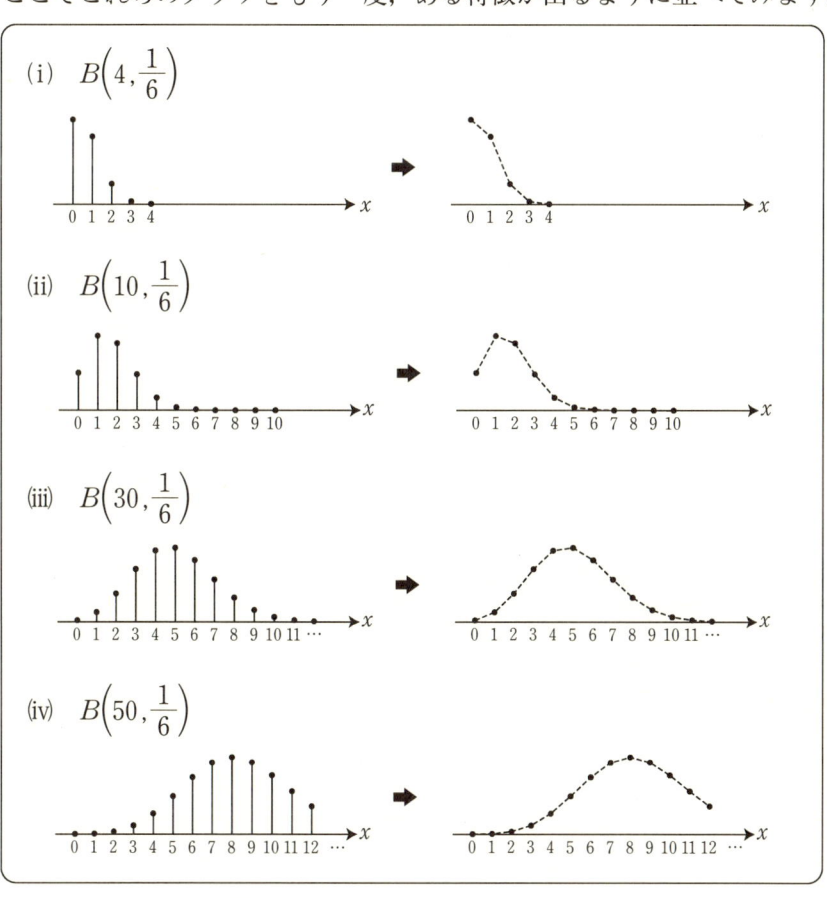

(i)　$B\left(4,\dfrac{1}{6}\right)$

(ii)　$B\left(10,\dfrac{1}{6}\right)$

(iii)　$B\left(30,\dfrac{1}{6}\right)$

(iv)　$B\left(50,\dfrac{1}{6}\right)$

上の図より，$n=4$ のときには単調に減少するグラフが，$n=10$ のときには山形のグラフとなり，$n=30, 50$ となると左右対称な山形のグラフとなっていくことがわかると思います。

実は，この性質は二項分布 $B(n,p)$ のグラフの特徴として挙げられ，講義 11 で勉強する正規分布へとつながっていくことになります。

さて，次に二項分布 $B(n,p)$ のもう 1 つの特徴である"二項分布の期待値・分散"を述べていくことにしましょう。

二項分布の期待値・分散

n 回のベルヌーイ試行で，各回の成功確率が p となるとき，この

> 失敗確率は $(1-p)$ です。

確率分布は二項分布 $B(n,p)$ となり，期待値・分散は，

$$\begin{cases} 期待値：E(X) = np \\ 分\quad 散：V(X) = np(1-p) \end{cases}$$

> 試行回数 n と成功確率 p だけで決まるということです。

と求められます。

期待値の証明

二項分布 $B(n,p)$ の確率変数 x に対する確率関数は，${}_nC_x \times p^x \times (1-p)^{n-x}$ となっているので，

期待値 $E(X)$

$$= \sum_{x=0}^{n} x \times \{{}_nC_x \times p^x \cdot (1-p)^{n-x}\}$$

> 期待値＝Σ確率変数×確率 です。

$$= \underbrace{0 \times {}_nC_0 \times p^0 \cdot (1-p)^{n-0}}_{=0} + \sum_{x=1}^{n} x \times {}_nC_x \times p^x \cdot (1-p)^{n-x}$$

> Σ内から $x=0$ の場合だけを前に出しました。よって，Σは $x=0$ からではなく，$x=1$ からとなっています。

$$= \sum_{x=1}^{n} x \times \underbrace{{}_nC_x}_{=\frac{n!}{x!(n-x)!}} \times p^x \cdot (1-p)^{n-x}$$

$$= \sum_{x=1}^{n} x \times \underbrace{\frac{n!}{x!(n-x)!}}_{=\frac{n \times (n-1)!}{x!(n-x)!}} \cdot \underbrace{p^x}_{=p \cdot p^{x-1}} \cdot (1-p)^{n-x}$$

$$= n \cdot p \cdot \sum_{x=1}^{n} x \times \underbrace{\frac{(n-1)!}{x!(n-x)!}}_{x \cdot (x-1)!\{(n-1)-(x-1)\}!} \cdot p^{x-1} \cdot (1-p)^{\overbrace{n-x}^{(n-1)-(x-1)}}$$

> Σ内の，x と無関係な定数 n, p をムリヤリ前に出しました。

> ちょっと技巧的ですね。

$$= np \cdot \sum_{x=1}^{n} \underbrace{\frac{(n-1)!}{(x-1)!\{(n-1)-(x-1)\}!}}_{{}_{n-1}C_{x-1}} \cdot p^{x-1} \cdot (1-p)^{(n-1)-(x-1)}$$

$$= np \cdot \underbrace{\sum_{x=1}^{n} {}_{n-1}C_{x-1} \times p^{x-1} \cdot (1-p)^{(n-1)-(x-1)}}$$

> 試行回数 $n-1$，成功確率 p の二項分布 $B(n-1, p)$ の全確率ですから，1 となります。

$$= np \cdot 1 = np$$

【証明終わり】

分散の証明

$$\text{分散 } V(X) = \sum_{x=0}^{n} (x-\underbrace{\mu}_{\text{期待値 } E(X)})^2 \times \{{}_nC_x \times p^x \cdot (1-p)^{n-x}\}$$

> **定義式**
> 分散＝Σ(確率変数−期待値)²×確率

$$= \underbrace{\sum_{x=0}^{n} x^2 \times \{{}_nC_x \times p^x \cdot (1-p)^{n-x}\}}_{E(X^2)}$$

> **計算式**
> 分散＝Σ確率変数²×確率
> −(Σ確率変数×確率)²

$$- \underbrace{\left(\sum_{x=0}^{n} x \times \{{}_nC_x \times p^x \cdot (1-p)^{n-x}\}\right)^2}_{\{E(X)\}^2}$$

ここで，$E(X)$ はすでに $E(X) = np$ と求まっていますので，$E(X^2)$ を求めることにします。

$$E(X^2) = \sum_{x=0}^{n} \underset{\underset{x(x-1)+x}{\parallel}}{x^2} \times \{{}_n\mathrm{C}_x \times p^x \cdot (1-p)^{n-x}\}$$

かなり技巧的な変形です。

$$= \sum_{x=0}^{n} \{x(x-1)+x\} \times \frac{n!}{x!(n-x)!} \times p^x \cdot (1-p)^{n-x}$$

$$= \underbrace{\sum_{x=0}^{n} x(x-1) \times \frac{n!}{x!(n-x)!} \times p^x \cdot (1-p)^{n-x}}$$

$$\underbrace{0 \times (0-1) \times \frac{n!}{0!(n-0)!} \times p^0 \cdot (1-p)^{n-0}}_{0}$$

$$\underbrace{+ 1 \times (1-1) \times \frac{n!}{1!(n-1)!} \times p^1 \cdot (1-p)^{n-1}}_{0}$$

$$+ \sum_{x=2}^{n} x(x-1) \times \frac{n!}{x!(n-x)!} \times p^x \cdot (1-p)^{n-x}$$

というふうに $x=0$, $x=1$ のときを前に出します。

$$+ \underbrace{\sum_{x=0}^{n} x \times \frac{n!}{x!(n-x)!} \times p^x \cdot (1-p)^{n-x}}$$

$$\underbrace{0 \times \frac{n!}{0!(n-0)!} \times p^0 \cdot (1-p)^{n-0}}_{0}$$

$$+ \sum_{x=1}^{n} x \times \frac{n!}{x!(n-x)!} \times p^x \cdot (1-p)^{n-x}$$

というふうに $x=0$ のときを前に出します。

$$= 0+0+ \sum_{x=2}^{n} x(x-1) \times \frac{n!}{x!(n-x)!} \times p^x \cdot (1-p)^{n-x}$$

$$+ 0 + \sum_{x=1}^{n} x \times \frac{n!}{x!(n-x)!} \times p^x \cdot (1-p)^{n-x}$$

$$= \sum_{x=2}^{n} x(x-1) \times \underset{\underset{\frac{n(n-1)\times(n-2)!}{x\cdot(x-1)\times(x-2)!\{(n-2)-(x-2)\}!}}{\parallel}}{\frac{n!}{x!(n-x)!}} \times p^x \cdot \underset{\underset{p^2 \cdot p^{x-2}}{\parallel}}{(1-p)^{\underset{(n-2)-(x-2)}{\parallel}}{n-x}}$$

$$+ \sum_{x=1}^{n} x \times \underset{\underset{\frac{n \times (n-1)!}{x \times (x-1)!\{(n-1)-(x-1)\}!}}{\parallel}}{\frac{n!}{x!(n-x)!}} \times p^x \cdot \underset{\underset{p \cdot p^{x-1}}{\parallel}}{(1-p)^{\underset{(n-1)-(x-1)}{\parallel}}{n-x}}$$

$$= n(n-1)p^2 \times \sum_{x=2}^{n} \frac{(n-2)!}{(x-2)!\{(n-2)-(x-2)\}!} \times p^{x-2}$$

> 技巧的に前に出しました。

> これは，二項分布 $B(n-2, p)$ の全確率を表しているので，1 となります。

$$\times (1-p)^{(n-2)-(x-2)}$$

$$+ np \times \sum_{x=1}^{n} \frac{(n-1)!}{(x-1)!\{(n-1)-(x-1)\}!} \times p^{x-1}$$

> 技巧的に前に出しました。

> これは，二項分布 $B(n-1, p)$ の全確率を表しているので，1 となります。

$$\times (1-p)^{(n-1)-(x-1)}$$

$$= n(n-1)p^2 \times 1 + np \times 1$$

以上より，

$$\begin{aligned}
\text{分散 } V(X) &= E(X^2) - \{E(X)\}^2 \\
&= \{n(n-1)p^2 + np\} - (np)^2 \\
&= -np^2 + np \\
&= np(1-p)
\end{aligned}$$

【証明終わり】

これで二項分布 $B(n, p)$ の期待値，分散は

$$\boldsymbol{E(X) = np, \quad V(X) = np(1-p)}$$

と求められ，それぞれ試行回数 n，成功確率 p によって定まる値だとわかりました。

ところで，二項分布 $B(n, p)$ の確率関数 ${}_n C_x \times p^x \cdot (1-p)^{n-x}$ に着目すると，この値は試行回数 n があまり大きくないときは計算に苦労しなくてすみそうですが，大きくなると大変そうです。

ここでもし，n の値が大きくなったときの ${}_n C_x \times p^x \cdot (1-p)^{n-x}$ に近似する値をとり，かつ計算が楽な確率分布があると便利ですね。

この確率分布は，あくまで n が大きくなったとき ($n \to \infty$) の二項分布に近似する分布なのですから，**期待値 $E(X) = np$，分散 $V(X) = np \times (1-p)$ が満たされる分布**でなくてはいけません。

そして $n \to \infty$ のときに，$E(X) = np$：一定になるという条件をつけましょう。

このとき，$p \to \infty$ ならば $E(X) \to \infty$ になってしまいますし，p：一定でも $E(X) \to \infty$ になってしまいます。したがって，$p \to 0$ でなければなりません。すなわち，「**試行回数はとても大きいが，成功確率はとても低い試行**」に相当します。

つまり「$n \to \infty$ かつ $p \to 0$」となるときの二項分布 $B(n,p)$ に近似する分布を考えればよいわけで，この条件を満たす分布として**ポアソン分布**が知られています。

また，二項分布 $B(n,p)$ に対し，「$n \to \infty$ で $p \not\to 0$」となるときの近似に適した確率分布に**正規分布**があります。これは講義11で勉強します。

●ポアソン分布

> **ポアソン分布**
>
> **定義** 離散型確率変数に対して，確率関数 $f(x)$ が
> $$f(x) = \begin{cases} \dfrac{\lambda^x e^{-\lambda}}{x!} & (x=0,1,2,\cdots,n \text{ のとき}) \\ 0 & (x \neq 0,1,2,\cdots,n \text{ のとき}) \end{cases}$$
> となるような確率分布を**ポアソン分布 $P(\lambda)$** といいます。

ポアソン分布 $P(\lambda)$ は，$n \to \infty$，$p \to 0$（ただし，np：一定を保ちながら）としたときの二項分布 $B(n,p)$ と対応します。さらに次が成立します。

> **ポアソン分布の期待値・分散**
>
> ポアソン分布 $P(\lambda)$ の期待値，分散は，
> $$\begin{cases} \text{期待値}：E(X) = \lambda \\ \text{分 散}：V(X) = \lambda \end{cases}$$
> となります。

（同じ値となります。）

ポアソン分布は，"めったに起こらない事象"を考える際の確率分布に対応します。

そうなるのは，二項分布 $B(n,p)$ において，期待値 $E(X)=np$ を一定に保ったまま「$n\to\infty$，$p\to 0$」としたとき，二項分布がポアソン分布 $P(\lambda)$ で近似できることからもわかります。

つまり，「試行回数（観察回数）n が限りなく大きく，かつ，成功確率（またはある事象が起こる確率）p が限りなく小さくなり 0 に近づくとき，その期待値 $E(X)=np$ が一定となるような二項分布 $B(n,p)$ は，代わりにポアソン分布 $P(\lambda)$ を用いることができる」のです。

実際の計算の手間は，n が大きい場合は二項分布よりポアソン分布の方が遥かに楽なので，一般的に後者を用います。ポアソン分布を用いるための条件は，適度に n：大，p：小 となっていることです。$n=100$，$p=0.01$ くらいになると非常によい近似になります。

それではここで，「np：一定，$n\to\infty$，$p\to 0$」の条件下で，$B(n,p)\to P(\lambda)$ となることを示しましょう。

証明

まずは，$\lambda=np$（：一定）とおきます。ここで二項分布 $B(n,p)$ の確率関数を変形すると，

$${}_n C_x \times p^x \cdot (1-p)^{n-x}$$

$$= \frac{n!}{x!(n-x)!} \times p^x \cdot (1-p)^{n-x}$$

$$= \frac{n(n-1)(n-2)\cdots(n-x+1)}{x!} \times p^x \cdot (1-p)^{n-x}$$

$$= n^x \cdot \frac{1\left(1-\frac{1}{n}\right)\left(1-\frac{2}{n}\right)\cdots\left(1-\frac{x-1}{n}\right)}{x!} \times p^x \cdot (1-p)^{n-x}$$

$$= \frac{n^x}{x!} \cdot \left(1-\frac{1}{n}\right)\left(1-\frac{2}{n}\right)\cdots\left(1-\frac{x-1}{n}\right) \times \left(\frac{\lambda}{n}\right)^x \cdot \left(1-\frac{\lambda}{n}\right)^{n-x}$$

$$\left(\because \lambda=np \Leftrightarrow p=\frac{\lambda}{n}\right)$$

$$= \frac{n^x}{x!} \cdot \left(1-\frac{1}{n}\right)\left(1-\frac{2}{n}\right)\cdots\left(1-\frac{x-1}{n}\right) \times \frac{\lambda^x}{n^x} \cdot \left(1-\frac{\lambda}{n}\right)^{n-x}$$

$$= \frac{\lambda^x}{x!} \cdot \left(1-\frac{1}{n}\right)\left(1-\frac{2}{n}\right)\cdots\left(1-\frac{x-1}{n}\right) \times \left(1-\frac{\lambda}{n}\right)^n \cdot \left(1-\frac{\lambda}{n}\right)^{-x}$$

となります。ここで，"$\lim\limits_{n\to\infty}\dfrac{1}{n}=0$" を用いると，

$$\lim_{n\to\infty}\left(1-\dfrac{1}{n}\right)=1,\ \lim_{n\to\infty}\left(1-\dfrac{2}{n}\right)=1,\ \cdots,\ \lim_{n\to\infty}\left(1-\dfrac{x-1}{n}\right)=1$$

さらに次が成立します。

自然対数の底 e の定義式

・$\lim\limits_{n\to\infty}\left(1+\dfrac{1}{n}\right)^n = e$　（n：自然数）

（$1+$チョット）^{無限大} の形です。

具体的には $2.718\cdots$ という値です。

・$\lim\limits_{x\to\pm\infty}\left(1+\dfrac{1}{x}\right)^x = e$　（x：実数）

この定義式から，

$$\lim_{n\to\infty}\left(1-\dfrac{\lambda}{n}\right)^n = \lim_{n\to\infty}\left\{\left(1+\dfrac{-\lambda}{n}\right)^{\frac{n}{-\lambda}}\right\}^{-\lambda} = e^{-\lambda}$$

○一致する。

（$1+$チョット）^{無限大} の形なので，e の定義式が使えます。

$$\lim_{n\to\infty}\left(1-\dfrac{\lambda}{n}\right)^{-x} = 1^{-x} = 1$$

○一致せず，ここでは x は定数扱い。

となります。よって，$\lambda = np$（∴一定）の条件下で，

$$\lim_{n\to\infty}{}_n C_x \times p^x \cdot (1-p)^{n-x}$$

$$= \lim_{n\to\infty}\dfrac{\lambda^x}{x!}\cdot\left(1-\dfrac{1}{n}\right)\left(1-\dfrac{2}{n}\right)\cdots\cdots\left(1-\dfrac{x-1}{n}\right)\times\left(1-\dfrac{\lambda}{n}\right)^n\cdot\left(1-\dfrac{\lambda}{n}\right)^{-x}$$

$$= \dfrac{\lambda^x}{x!}\cdot 1\cdot 1\cdots\cdots 1\times e^{-\lambda}\cdot 1 = \dfrac{\lambda^x\cdot e^{-\lambda}}{x!}$$

ポアソン分布の形です。

となり，確かに「$\lambda = np$（∴一定）の条件下で $n\to\infty$（$p\to 0$）」のとき，二項分布 $B(n,p)$ はポアソン分布 $P(\lambda)$ と対応します。　【証明終わり】

また,「$\lambda = np$：一定の条件下で $n \to \infty$ ($p \to 0$)」のときの「$B(n,p)$ → $P(\lambda)$」を考えているので,

ポアソン分布の期待値：$E(X) = \lim_{n \to \infty} np = \lim_{n \to \infty} \lambda = \lambda$

（$\underbrace{np}_{\text{二項分布 }B(n,p)\text{の期待値}}$, $\underbrace{\lambda}_{n\text{によらず一定値}}$）

ポアソン分布の分散：$V(X) = \lim_{n \to \infty} \underbrace{np(1-p)}_{\text{二項分布 }B(n,p)\text{の分散}}$

$$= \lim_{\substack{n \to \infty \\ (p \to 0)}} \lambda(1-p) \quad (\because np = \lambda)$$

$$= \lambda(1-0) = \lambda$$

と求められます。

最後にポアソン分布と二項分布のグラフを比較して, n：大, p：小のときの近似性を確認してもらいましょう。

● $\lambda = 1$ のときの $P(\lambda)$

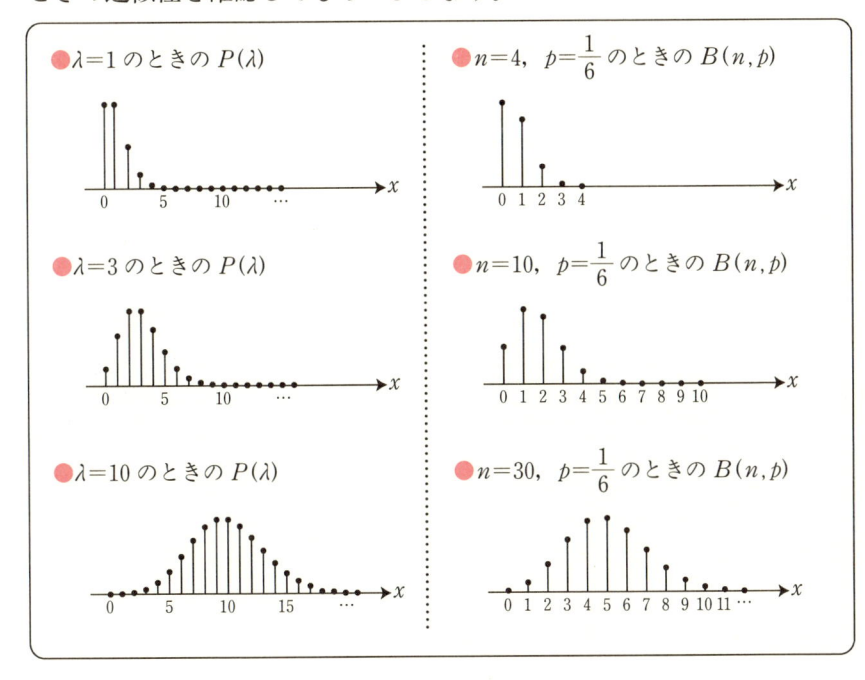

● $n = 4$, $p = \dfrac{1}{6}$ のときの $B(n,p)$

● $\lambda = 3$ のときの $P(\lambda)$

● $n = 10$, $p = \dfrac{1}{6}$ のときの $B(n,p)$

● $\lambda = 10$ のときの $P(\lambda)$

● $n = 30$, $p = \dfrac{1}{6}$ のときの $B(n,p)$

実習問題 8-1

5枚のコインを同時に投げてその表裏の出方を調べ，表が出た場合は1枚につき10点，裏が出た場合は0点とするゲームを考える。どのコインも表裏の出方は同様に確からしいとして以下の問いに答えよ。

(1) このゲームの確率分布表をつくれ。
(2) このゲームの平均，分散を求めよ。

解答&解説 (1) 5枚のコインのうち，表の出た枚数を k 枚とすると，$k=0,1,2,3,4,5$ より，得点は $0,10,20,30,40,50$ の6通りが考えられる。よって，

$$X_0 = 0, \ X_1 = 10, \ X_2 = 20, \ X_3 = 30, \ X_4 = 40, \ X_5 = 50$$

と確率変数を定めると($X_k = 10k$)，X_k が出現する確率 $P(X_k)$ は，

$$P(X_k) = {}_5C_k \left(\frac{1}{2}\right)^k \left(\frac{1}{2}\right)^{5-k} = \frac{{}_5C_k}{32}$$

${}_5C_0 = 1, \ {}_5C_1 = 5, \ {}_5C_2 = 10, \ {}_5C_3 = 10, \ {}_5C_4 = 5, \ {}_5C_5 = 1$
である(この試行はベルヌーイ試行です)。よって，求める確率分布表は，

X_k	0	10	20	30	40	50
$P(X_k)$						

となる。

(2) 平均 μ は，

$$\mu = \sum_{k=0}^{5} X_k P(X_k) = 0 \times \frac{1}{32} + 10 \times \frac{5}{32} + 20 \times \frac{10}{32} + 30 \times \frac{10}{32}$$
$$+ 40 \times \frac{5}{32} + 50 \times \frac{1}{32}$$
$$= \frac{1}{32}(50 + 200 + 300 + 200 + 50) = \boxed{\text{(a)}} \quad (点)$$

となる。

(この試行は二項分布 $B(n, p)$ に従うので，平均 μ は公式より $\mu = np$ となりそうですが，得点が10倍されているので，$E(aX) = aE(X)$ より平均は $10np = 10 \times 5 \times \frac{1}{2} = 25$ です。)

分散 V は，

$$\begin{aligned}V &= \sum_{k=0}^{5}(X_k-\mu)^2 P(X_k) \\ &= (0-25)^2 \times \frac{1}{32} + (10-25)^2 \times \frac{5}{32} + (20-25)^2 \times \frac{10}{32} \\ &\quad + (30-25)^2 \times \frac{10}{32} + (40-25)^2 \times \frac{5}{32} + (50-25)^2 \times \frac{1}{32} \\ &= \frac{1}{32}(625+1125+250+250+1125+625) \\ &= \boxed{\text{(b)}}\end{aligned}$$

となる。

$\left(\begin{array}{l}B(n,p) \text{ において，公式 } V(X)=np(1-p) \text{ が成り立ちます。また，} V(aX) \\ =a^2 V(X) \text{ より，「} n=5,\ p=1-p=\frac{1}{2},\ a=10 \text{」を代入すると，} V(aX)=100 \\ \times 5 \times \left(\frac{1}{2}\right)^2 =125 \text{ となります。}\end{array}\right)$

....

X_k	0	10	20	30	40	50
$P(X_k)$	$\frac{1}{32}$	$\frac{5}{32}$	$\frac{10}{32}$	$\frac{10}{32}$	$\frac{5}{32}$	$\frac{1}{32}$

(a) 25 (b) 125

LECTURE 09 連続型確率変数

●連続型確率変数

今，下のようなクレーンゲームを操作してランダムに針を落とすとします。

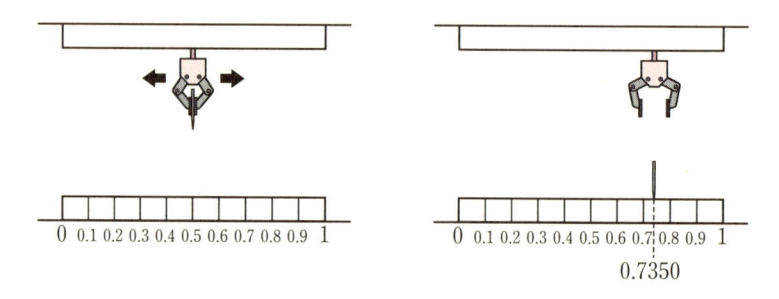

落とした針が，下の盤(数字の0.0〜1.0までの無限の数字の目盛が描

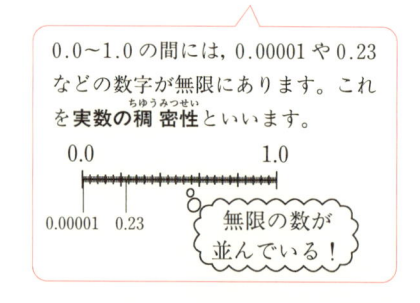

> 0.0〜1.0の間には，0.00001や0.23 などの数字が無限にあります。これを **実数の稠密性** といいます。
>
> 0.0　　　　　　　1.0
> ├┼┼┼┼┼┼┼┼┼┼┼┼┼┼┼┼┤
> 0.00001　0.23
>
> 無限の数が並んでいる！

いてあるとします……あくまでも想像上のものですが)に刺さったとしましょう。そのときの目盛を読むと，ちょうどピッタリ0.7350となっていました。

> 0.0〜1.0の間には無限の数字があるので，0.7350に刺さるのは奇跡みたいなものです。

ここで,「この操作によって針が"0.7350"に刺さる確率は？」と考えたいところですが, 実は簡単にはいきません。

　まずは確認したいのですが, この"0.7350"という値には, ココに針が刺さるという**確率**が対応していると考えられそうです。この対応の仕方自体は離散型確率変数と似ています。

　しかし, ここで考えている変数は0.0～1.0の間に存在する無限の実数すべてを対象としている点で, 離散型確率変数（とびとびの値をとる変数）と異なります。このように「0.0～1.0の間に存在する実数すべて」を対象とするような確率変数を**連続型確率変数**といいます。

　つまり, 例えば離散型ならば「$x=0, 1, \cdots$」というふうにとびとびの値をとるのに対し, 連続型は「$0 \leqq x \leqq 1$を満たす実数すべてをxはとる」というふうにベッタリ値をとることになるわけです。

　そしてこの**性質**の違いにより, 連続型確率変数には離散型確率変数と異なる定義が確率をはじめとして生じることになります。このことは今後, 逐次述べていくことにするとして, 今は,「クレーンゲームで針を落として, 目盛0.7350に刺さる確率」を考えることにしましょう。

　確率の定義に従うと, $(確率) = \dfrac{ある事象の場合の数}{すべての事象の場合の数}$ より, この場合,

$$(0.7350に刺さる場合の数) = 1 通り$$
$$(すべての事象の場合の数) = \infty 通り \text{"無限"}$$

なので,

$$(0.7350に刺さる確率) = \frac{1}{\infty} \to 0$$

となってしまいます。「エッ, 確率が0？」という人もいるでしょうし, また,「なんか詭弁を使われたのでは？」と感じる人もいるでしょう。

　☞実はこのことは, 対象としている確率変数が連続という**無限の世界**を扱っていることに一因があります。

それではどのようにすればうまく考えられるのでしょうか？

まずは，連続型確率変数に対応する確率を，離散型確率変数に対応する確率の場合と比較して考えてみることにします。

> **■ Review ── 離散型確率変数の確率 ──**
>
> 1つの試行において，起こりうる各事象の確率が $p_k(k=1,2,3,\cdots)$ となるとき，p_k は必ず次を満たします。
>
> (i) $p_k \geqq 0$ ← 確率は負の値をとらないということです。
>
> (ii) $\sum p_k = p_1 + p_2 + \cdots + p_k + \cdots = 1$ ← 確率はすべてを足すと1になるということです。
>
> またこのとき，
> $$確率関数\ f(x) = \begin{cases} p_k & (x=1,2,\cdots,k,\cdots のとき) \\ 0 & (x \neq 1,2,\cdots,k,\cdots のとき) \end{cases}$$
> とします。

このように連続型確率変数の確率を定めようとしても，そのままでは当てはめることはできません。というのは，連続量に対して，離散量を扱う「Σ（シグマ）」を導入できないなどの不都合があるからです。そこで，一般的に「**和＝加えられた値**」という視点から眺めると，

$$離散量の和：\Sigma \quad \underset{対応}{\longleftrightarrow} \quad 連続量の和：\int$$
$$(シグマ) \qquad\qquad\qquad (インテグラル，積分)$$

という対応が考えられるので，「Σ（シグマ）」の代わりに「$\int$（インテグラル）」を用いることにします。

さらに，離散型の確率関数 $f(x)$ に対して，連続型では**確率密度関数** $\boldsymbol{f(x)}$ といいます。このとき，確率の定義に従って次のことを要請します。

> ## 連続型確率変数の確率密度関数
>
> 確率変数が連続型であり，確率密度関数が $f(x)$ となるとき，
> (i) $f(x) \geqq 0$
> (ii) $\displaystyle\int_{-\infty}^{\infty} f(x)\, dx = 1$
> が成立します。

この(i)，(ii)の要請から，確率密度関数 $f(x)$ のグラフは，

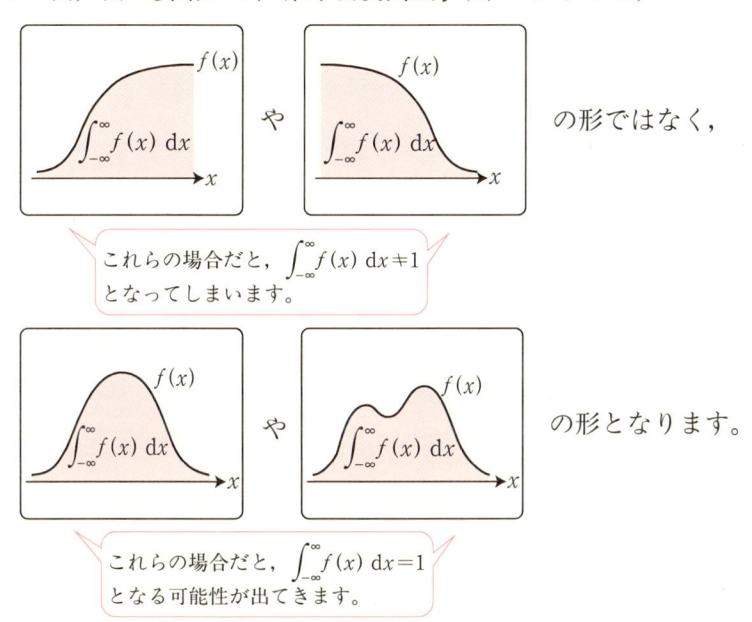

の形ではなく，

これらの場合だと，$\displaystyle\int_{-\infty}^{\infty} f(x)\, dx \neq 1$ となってしまいます。

の形となります。

これらの場合だと，$\displaystyle\int_{-\infty}^{\infty} f(x)\, dx = 1$ となる可能性が出てきます。

「それでは，この確率密度関数 $f(x)$ がそのまま連続型確率変数における確率になるのですね？」と思われるかもしれませんが，それは少し違います。「$\displaystyle\int_{-\infty}^{\infty} f(x)\, dx = 1$ (すなわち，$y=f(x)$ のグラフと x 軸によって囲まれる部分の面積)」となっているので，

　　（連続型確率変数の確率）＝（確率密度関数 $f(x)$ のグラフの面積）

と考えるのが適当ではないでしょうか。これより，

$$確率 \longleftrightarrow 面積$$
（対応）

と考えられ，この対応に基づくと，確率密度関数 $f(x)$ に対して連続型確率変数 X が $a \leqq X \leqq b$ となる確率 $P(a \leqq X \leqq b)$ は，

（定数）（定数）　変数 X が a と b の間にある確率という意味です。

$$P(a \leqq X \leqq b) = \int_a^b f(x)\, dx$$

（面積）＝（確率）の考えに基づいています。

全面積は 1 です。

$P(a \leqq X \leqq b) = \int_a^b f(x)\, dx$

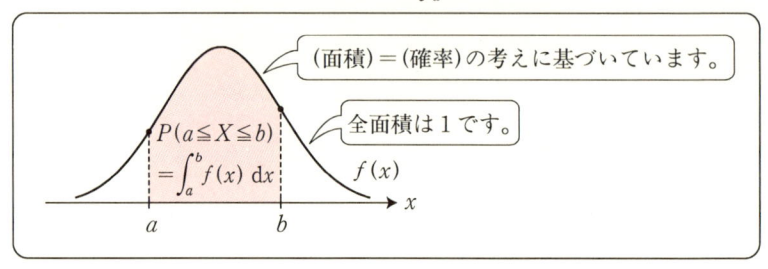

となります。

さらに，$b \to a$ のとき，すなわち，「$b = a$」となるときは，

b が a に限りなく近づく。

$$P(X = a) = \lim_{b \to a} P(a \leqq X \leqq b) = \lim_{b \to a} \int_a^b f(x)\, dx$$
$$= \int_a^a f(x)\, dx$$
$$= 0$$

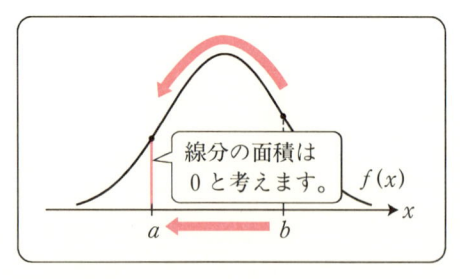

線分の面積は 0 と考えます。

となりますし，また同様に

$$P(X = b) = \lim_{a \to b} P(a \leqq X \leqq b) = \lim_{a \to b} \int_a^b f(x)\, dx$$

$$= \int_b^b f(x)\,dx$$
$$= 0$$

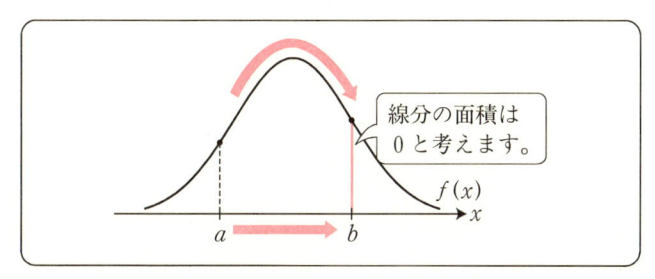

線分の面積は0と考えます。

となります。以上をまとめると，

連続型確率変数の確率の定義

連続型確率変数 X における確率密度関数が $f(x)$ となるとき，確率は

(i) $P(a \leq X \leq b) = \int_a^b f(x)\,dx$

変数 X が a と b の間になるときの確率という意味です。

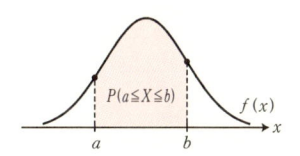

(ii) $P(X=a) = P(X=b) = 0$

変数 X がピタッと a となるときの確率。

変数 X がピタッと b となるときの確率。

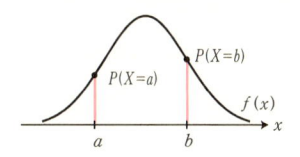

また(ii)より次が成り立ちます。

$$P(a \leq X \leq b) = P(a < X \leq b) + \underbrace{P(X=a)}_{0 \ (\because \text{(ii)})}$$

等号がない。

$$= P(a \leq X < b) + \underbrace{P(X=b)}_{0 \ (\because \text{(ii)})}$$

等号がない。

$$\therefore\ P(a \leq X \leq b) = P(a < X \leq b) = P(a \leq X < b)$$

この確率の定義に従うと，先に見たクレーンゲームにおいて，
$$（落とした針が目盛：0.7350 に刺さる確率）= 0$$
となることを理解して頂けるのではないでしょうか。

連続型確率変数の確率においては，「ある1つの値をとる確率は0」と考え，「ある区間に存在する確率は積分を用いて，$\int_{\blacktriangle}^{\bullet} f(x)\,dx$」と考えていくことになります。

ここで次のような疑問をもつ方がいらっしゃるかもしれません。「先のクレーンゲームの目盛は 0.0〜1.0 であり，連続型確率変数の定義区間は $-\infty \sim \infty$ なのだから，区間にズレが生じるのでは？」

$\int_{-\infty}^{\infty} f(x)\,dx = 1$ より。

そこで，このクレーンゲームでは，確率密度関数 $f(x)$ を $0 \leq x \leq 1$ の場合と $-\infty < x < 0,\ 1 < x < +\infty$ の場合に分けて定めるのです。つまり，

$$確率密度関数\ f(x) = \begin{cases} 1 & (0 \leq x \leq 1\ のとき) \\ 0 & (-\infty < x < 0,\ 1 < x < +\infty\ のとき) \end{cases}$$

とすればよいでしょう。

● 連続型確率変数の累積分布関数

次に累積分布関数の定義を見てもらいましょう。

累積分布関数

連続型確率変数 X において，確率密度関数 $f(x)$ とするとき，

$$累積分布関数：F(x) = P(X \leq x)$$

と定義します。

$-\infty$ から x までの面積に相当します。

$F(x) = P(X \leq x)$

つまり，連続型確率変数 X の確率 $P(-\infty < X \leq x)$ を特に**累積分布関数**といい，確率密度関数の面積から得られる新しい関数として考えるわけです。この関数は次のような性質をもっています。

累積分布関数の性質

連続型確率変数 X において，累積分布関数 $F(x)$ とするとき，

(i) $F(x) = P(X \leq x) = \displaystyle\int_{-\infty}^{x} f(t)\, dt$

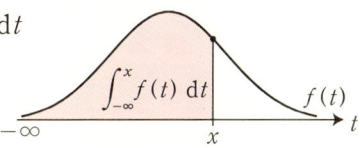

(ii) $a \leq b$ のとき，$F(a) \leq F(b)$

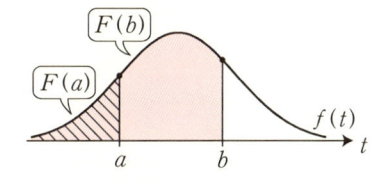

(iii) $F(-\infty) = 0,\ F(+\infty) = 1$

● 累積分布関数 $F(x)$ のグラフ

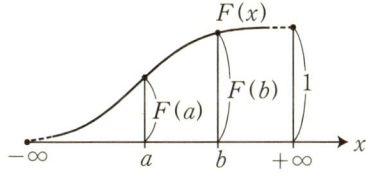

(iv) $P(a \leq X \leq b) = F(b) - F(a)$

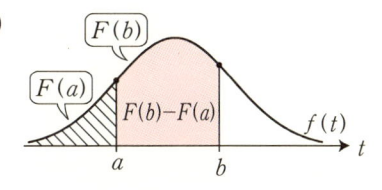

$$\left(\because\ P(a \leq X \leq b) = P(X \leq b) - P(X \leq a) = F(b) - F(a) \quad (\because (i)) \right.$$

正確には $P(-\infty < X \leq b)$ です。

正確には $P(-\infty < X \leq a)$ です。

●連続型確率変数の期待値・分散

連続型確率変数 X における期待値 $E(X)$・分散 $V(X)$ は，離散型確率変数における期待値・分散の考えを応用することになります。具体的にいえば，「Σ（シグマ）」を「$\int$（インテグラル）」に置き換えることにより得られます。

連続型確率変数の期待値・分散

連続型確率変数 X において確率密度関数 $f(x)$ となるとき，

(i) **期待値（平均）**：$E(X) = \displaystyle\int_{-\infty}^{\infty} x \cdot f(x)\, dx$

また，$\mu = E(X)$ とおくと，

(ii) **分散**：$V(X) = \displaystyle\int_{-\infty}^{\infty} (x-\mu)^2 \cdot f(x)\, dx$

さらに，$\sigma^2 = V(X)$ とおくと，

(iii) **標準偏差**：$\sigma = \sqrt{\sigma^2}$

と定義します。

ここで，離散型確率変数における期待値（平均）・分散の意味を思い出してみると，

期待値（平均）…確率変数の全分布において，中心となる値。
分散…中心となる値（平均）からの，確率変数の散らばり具合・バラツキ方の指標となる値。

でした。このことは連続型確率変数における期待値（平均）・分散においても当てはまります。

さらに，連続型確率変数がもつ性質の1つ，$\displaystyle\int_{-\infty}^{\infty} f(x)\, dx = 1$ を考えると，グラフ的には次の特徴が挙げられます。これらを用いると，視覚的に捉える場合に重要なチェビシェフの不等式（チェビシェフの定理）を導くことができます。このチェビシェフの不等式については次節で説明します。

● 分散 σ^2 が小さい場合

➡ 分散 σ^2 の値が小さいというのは，確率変数が中心値である平均 μ の周りに集まっている・多いということを表します。その結果，グラフの山は**高く**なります。

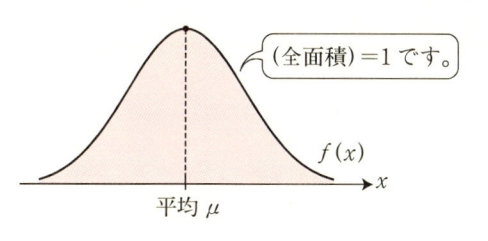

● 分散 σ^2 が大きい場合

➡ 分散 σ^2 の値が大きいというのは，確率変数が中心値である平均 μ の周りにあまり集まっていない・少ない・散っているということを表します。その結果，グラフの山は横に広がり**低**くなります。

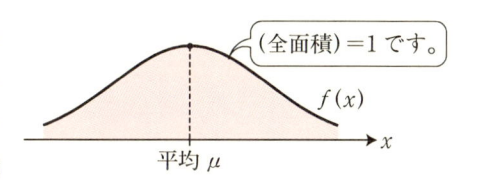

さらに，連続型確率変数の期待値・分散においては，離散型確率変数の期待値・分散と同じ性質が成り立ちます。

連続型確率変数の期待値・分散の性質

連続型確率変数 X の期待値が $E(X)$，分散が $V(X)$ となり，かつ，a, b を確率変数 X に無関係な定数とするとき，

(i) $E(a \cdot X + b) = a \cdot E(X) + b$

(ii) $V(X) = E(X^2) - \{E(X)\}^2$

　　（ただし，$E(X^2) = \int_{-\infty}^{\infty} x^2 \cdot f(x) \, dx$ とします。）

(iii) $V(a \cdot X + b) = a^2 \cdot V(X)$

●チェビシェフの不等式

連続型確率変数 X が，確率密度関数 $f(x)$ のグラフにおいてどれくらいの割合を占めるか，すなわち確率がどうなるかを，期待値 μ・分散 σ^2 を用いて評価する不等式の１つが**チェビシェフの不等式**です。

チェビシェフの不等式

連続型確率変数 X の**期待値が** μ，**分散が** σ^2 となるとき，任意の正の定数 k を用いて，

$$P(|X-\mu| \geq k\sigma) \leq \frac{1}{k^2}$$

「確率変数 X と期待値 μ の差の絶対値が，$k\sigma$ 以上となる確率は，$\frac{1}{k^2}$ 以下である」ということを表している不等式です。

が成り立ちます(注 $|X-\mu| \geq k\sigma \Leftrightarrow \mu-k\sigma \geq X$ or $X \geq \mu+k\sigma$)。

これを**チェビシェフの不等式**といいます。

この不等式の重要なポイントとなるのは，**任意の正の定数 k** となるところです。実際，視覚的に意味を捉えてみると，

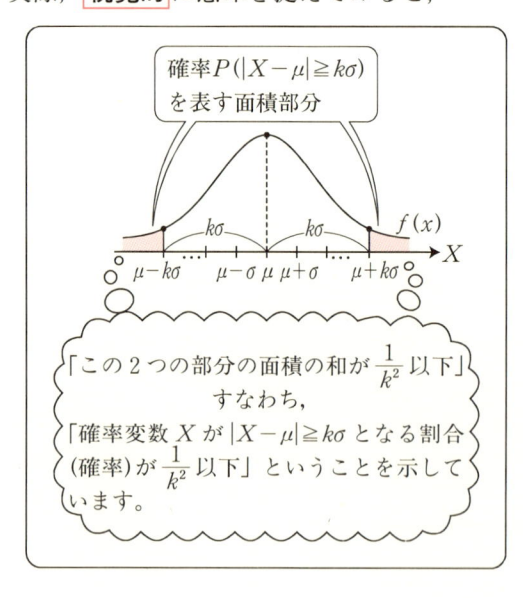

確率 $P(|X-\mu| \geq k\sigma)$ を表す面積部分

「この２つの部分の面積の和が $\frac{1}{k^2}$ 以下」
すなわち，
「確率変数 X が $|X-\mu| \geq k\sigma$ となる割合(確率)が $\frac{1}{k^2}$ 以下」ということを示しています。

また，この不等式を逆の「視点」で考える(補集合として捉え直す)と，
$$P(|X-\mu| \geq k\sigma) + P(|X-\mu| < k\sigma) = 1$$

> 全確率の和は1です。

に注意して，

"$P(|X-\mu| \geq k\sigma) = 1 - P(|X-\mu| < k\sigma)$" を "$P(|X-\mu| \geq k\sigma) \leq \dfrac{1}{k^2}$" に代入して整理すると，

$$\therefore \quad \underbrace{P(|X-\mu| < k\sigma)}_{\mu - k\sigma < X < \mu + k\sigma} \geq 1 - \frac{1}{k^2}$$

となり，この不等式が表す意味は，

「確率変数 X が，$\mu - k\sigma < X < \mu + k\sigma$ の範囲に

存在する確率は，$1 - \dfrac{1}{k^2}$ 以上である」

ということであり，これを「視覚的」に捉えると，

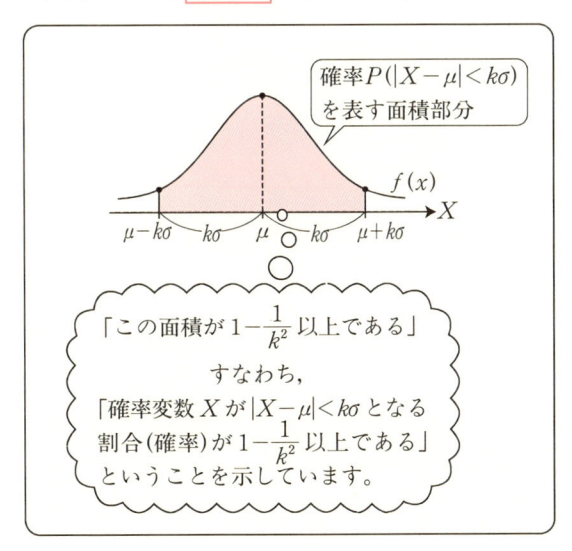

> 確率 $P(|X-\mu| < k\sigma)$
> を表す面積部分

（グラフ：$f(x)$ の曲線，$\mu - k\sigma$，$k\sigma$，μ，$k\sigma$，$\mu + k\sigma$）

> 「この面積が $1 - \dfrac{1}{k^2}$ 以上である」
> すなわち，
> 「確率変数 X が $|X-\mu| < k\sigma$ となる
> 割合(確率)が $1 - \dfrac{1}{k^2}$ 以上である」
> ということを示しています。

となります。

> **演習問題 9-1** チェビシェフの不等式
>
> $$P(|X-\mu| \geq k\sigma) \leq \frac{1}{k^2}$$
>
> が成立することを証明せよ。

解答 & 解説

証明 スタートは分散 $V(X)=\sigma^2$ の**定義式**からです。

$$\sigma^2 = \int_{-\infty}^{\infty} (x-\mu)^2 \cdot f(x)\,dx$$

> 積分区間より，確率変数 X は $-\infty < X < \infty$ の範囲で考えています。

$$= \int_{|X-\mu| \geq k\sigma} (x-\mu)^2 \cdot f(x)\,dx + \int_{|X-\mu| < k\sigma} (x-\mu)^2 \cdot f(x)\,dx$$

> 0以上の値

> 上の積分区間 $-\infty \sim \infty$ を分割して，
> $|X-\mu| \geq k\sigma \Leftrightarrow \mu - k\sigma \geq X,\ \mu + k\sigma \leq X$
> と
> $|X-\mu| < k\sigma \Leftrightarrow \mu - k\sigma < X < \mu + k\sigma$
> の区間に分けて積分しています。

$$\geq \int_{|X-\mu| \geq k\sigma} (x-\mu)^2 \cdot f(x)\,dx$$

> 技巧的です。$\int_{|X-\mu| < k\sigma} (x-\mu)^2 \cdot f(x)\,dx$ が **0以上**であることに着目して，この部分を切り捨てているわけです。

$$\geq k^2 \sigma^2 \cdot \underbrace{\int_{|X-\mu| \geq k\sigma} f(x)\,dx}_{= P(|X-\mu| \geq k\sigma)}$$

> $\because |X-\mu| \geq k\sigma$ という条件で考えている積分であり，この両辺を2乗すると $(X-\mu)^2 \geq k^2\sigma^2$ となるので，
> $\int (x-\mu)^2 \cdot f(x)\,dx \geq \int k^2\sigma^2 \cdot f(x)\,dx$
> としました。
> 定数扱い

$$= k^2 \sigma^2 \cdot P(|X-\mu| \geq k\sigma)$$

$$\therefore\quad \sigma^2 \geq k^2 \sigma^2 \cdot P(|X-\mu| \geq k\sigma)$$

$$\therefore\quad P(|X-\mu| \geq k\sigma) \leq \frac{1}{k^2} \qquad 【証明終わり】$$

なお，このチェビシェフの不等式は連続型確率変数に対してだけではなく，離散型確率変数に対しても成り立つことを付記しておきます。

講義 LECTURE 10 | 2変数の確率分布

● 2変数の確率分布

　ここでは，同時に2つの確率変数を扱うときを考えます。離散型・連続型の確率変数に対して，いくつかの定義などをしていきますが，そこは「そんなもんなんだな」と読み流して下さって結構です。よって証明や詳しい解説は省略しますが，最後に辿り着く 性質 だけはしっかりと把握して下さい。この 性質 はこの後，学ぶ 推定 などで最も大切な役割を果たすことになるからです。

　それでは 定義 を見ていきましょう。

同時確率関数の定義（離散型確率変数）

2つの離散型確率変数 X, Y に対して，

　　確率：$P(X=x_i, Y=y_j) = p_{ij}$　　$(i=1,2,\cdots,\ j=1,2,\cdots)$

（確率変数 X が x_i となり，確率変数 Y が y_j となるときの確率という意味です。）

とおくとき，

$$\text{同時確率関数 } h(x, y) = \begin{cases} p_{ij} & (x=x_i,\ y=y_j \text{ のとき}) \\ 0 & (\text{上記以外のとき}) \end{cases}$$

といいます。また，このとき以下が成り立ちます。

(i)　$p_{ij} \geqq 0$　　（確率は0以上の値をとります。）

(ii)　$\sum_i \sum_j p_{ij} = 1$　　（すべての確率の和は1となるということです。）

さらに確率変数 X, Y の関数を $g(X, Y)$ とおくとき，期待値は次のように定義します。

> X, Y の関数だったら何でもかまいません。

(iii) $E[g(X, Y)] = \sum_i \sum_j g(x_i, y_j) \times h(x_i, y_j)$

これより次も成り立ちます。

(iv) $E(a \cdot X + b \cdot Y) = a \cdot E(X) + b \cdot E(Y)$

(a, b は確率変数 X, Y に無関係な定数)

👉 ここで，同時確率分布についての具体例を見てみましょう。

2002年のワールドカップ 64 試合において，グループリーグで引き分け試合となった 14 試合(決勝トーナメントでは，同点の場合に PK 戦となりますので，引き分け試合はありません)を除く，全 50 試合の勝利国と敗北国の勝敗結果を得点分布で眺めてみます。

勝利国の得点を X，敗北国の得点を Y として，各対戦スコアに対応する試合数は以下のように表せます。

Y＼X	0	1	2	3	4	5	6	7	8
0	1	15	10	3	2	0	0	0	1
1		1	8	4	0	0	0	0	0
2			0	4	0	1	0	0	0

この表は，例えば 1-0 のスコアで勝敗の決した試合が(50 試合中) 15 試合あったとか，3 点以上得点した国でその試合に負けた国はなかったなどという事実を指摘してくれます。

注 8-0 のスコアが 1 試合あることに驚かれるかもしれませんが，この試合は同年 6 月 1 日の札幌におけるドイツ対サウジアラビア戦で，クローゼがハットトリックを決めた試合です。これは例外的なケースで，1 点差で勝負が決まった(この中には，6 月 9 日の日本対ロシア戦も含まれています)試合が 27 もあることの方が際立ちます。サッカーはまさに 1 点を争うゲームなのですね。

$X = x_i, Y = y_j$ が出現する確率 $f(x_i, y_j)$ を表にしたものが同時確率分布表なので，上記の例の場合は次のようになります。

Y \ X	0	1	2	3	4	5	6	7	8
0	$\frac{1}{50}$	$\frac{15}{50}$	$\frac{10}{50}$	$\frac{3}{50}$	$\frac{2}{50}$	0	0	0	$\frac{1}{50}$
1	0	$\frac{1}{50}$	$\frac{8}{50}$	$\frac{4}{50}$	0	0	0	0	0
2	0	0	0	$\frac{4}{50}$	0	$\frac{1}{50}$	0	0	0

同時確率密度関数の定義(連続型確率変数)

2つの連続型確率変数 X, Y に対して,

$$確率: P(a \leq X \leq b, c \leq Y \leq d) = \iint_D h(x, y) \, dxdy$$

確率変数 X が $a \leq X \leq b$ を満たし,確率変数 Y が $c \leq Y \leq d$ を満たすときの確率を表しています。

重積分を意味しており,$D = \{(x, y) | a \leq x \leq b, c \leq y \leq d\}$ を表しています。

となるとき, $h(x, y)$ を同時確率密度関数といいます。

またこのとき以下が成り立ちます。

(i) $h(x, y) \geq 0$ 確率は0以上の値をとります。

(ii) $\int_{-\infty}^{\infty} \int_{-\infty}^{\infty} h(x, y) \, dxdy = 1$ すべての確率の和は1になるということです。

さらに確率変数 X, Y の関数を $g(X, Y)$ とおくとき, 期待値は次のように定義します。 X, Y の関数だったら何でもかまいません。

(iii) $E[g(X, Y)] = \int_{-\infty}^{\infty} \int_{-\infty}^{\infty} g(x, y) \times h(x, y) \, dxdy$

これより次も成り立ちます。

(iv) $E(a \cdot X + b \cdot Y) = a \cdot E(X) + b \cdot E(Y)$

(a, b は確率変数 X, Y に無関係な定数)

確率変数の独立

離散型(または連続型)確率変数 X, Y において,それぞれの確率関数(または確率密度関数)が $f(x)$, $g(y)$ となり,同時確率関数(または同時確率密度関数)が $h(x, y)$ となるとする。このとき,

$$h(x, y) = f(x) \times g(y)$$ ◁ 独立の成立条件です。

が成り立つならば,「確率変数 X, Y は独立である」と定義します。

またこのとき以下が成り立ちます。

(i) **確率変数 X, Y が独立** $\Rightarrow E(X \cdot Y) = E(X) \cdot E(Y)$

(ii) **確率変数 X, Y が独立**
$\Rightarrow V(a \cdot X + b \cdot Y) = a^2 \cdot V(X) + b^2 \cdot V(Y)$
(a, b は確率変数 X, Y に無関係な定数)

ここで得られた性質,特に,

- $E(a \cdot X + b \cdot Y) = a \cdot E(X) + b \cdot E(Y)$
- 確率変数 X, Y が独立
 $\Rightarrow V(a \cdot X + b \cdot Y) = a^2 \cdot V(X) + b^2 \cdot V(Y)$

を,2個の確率変数から n 個の確率変数へ一般化した場合を考えます。

最重要性質

n 個の確率変数 $X_1, X_2, \cdots, X_n$ に対して,

(i) $E(a_1 \cdot X_1 + a_2 \cdot X_2 + \cdots + a_n \cdot X_n)$
 $= a_1 \cdot E(X_1) + a_2 \cdot E(X_2) + \cdots + a_n \cdot E(X_n)$

(ii) 確率変数 $X_1, X_2, \cdots, X_n$ が独立
 $\Rightarrow V(a_1 \cdot X_1 + a_2 \cdot X_2 + \cdots + a_n \cdot X_n)$
 $= a_1^2 \cdot V(X_1) + a_2^2 \cdot V(X_2) + \cdots + a_n^2 \cdot V(X_n)$
 ($a_1, a_2, \cdots, a_n$ は確率変数 $X_1, X_2, \cdots, X_n$ に無関係な定数)

が成り立ちます。

さらに，この性質より，

「確率変数 $X_1, X_2, \cdots, X_n$ が独立で，すべてが期待値 μ，分散 σ^2 の同一の確率分布に従う」とき，

$$\begin{cases} E(X_1) = E(X_2) = \cdots = E(X_n) = \mu \\ V(X_1) = V(X_2) = \cdots = V(X_n) = \sigma^2 \end{cases}$$

が成り立つので，(i), (ii) で $a_1 = a_2 = \cdots = a_n = \dfrac{1}{n}$ とすると，

(i)′ $E\left(\underbrace{\dfrac{1}{n} \cdot X_1 + \dfrac{1}{n} \cdot X_2 + \cdots + \dfrac{1}{n} \cdot X_n}_{\displaystyle = \dfrac{X_1 + X_2 + \cdots + X_n}{n}}\right)$

$= \dfrac{1}{n} \cdot \underbrace{E(X_1)}_{\mu} + \dfrac{1}{n} \cdot \underbrace{E(X_2)}_{\mu} + \cdots + \dfrac{1}{n} \cdot \underbrace{E(X_n)}_{\mu}$

$= \dfrac{1}{n} \cdot \mu \times n = \boldsymbol{\mu}$

(ii)′ $V\left(\underbrace{\dfrac{1}{n} \cdot X_1 + \dfrac{1}{n} \cdot X_2 + \cdots + \dfrac{1}{n} \cdot X_n}_{\displaystyle = \dfrac{X_1 + X_2 + \cdots + X_n}{n}}\right)$

$= \dfrac{1}{n^2} \cdot \underbrace{V(X_1)}_{\sigma^2} + \dfrac{1}{n^2} \cdot \underbrace{V(X_2)}_{\sigma^2} + \cdots + \dfrac{1}{n^2} \cdot \underbrace{V(X_n)}_{\sigma^2}$

$= \dfrac{1}{n^2} \cdot \sigma^2 \times n = \boldsymbol{\dfrac{\sigma^2}{n}}$

が成り立ちます。また，確率変数 $X_1, X_2, \cdots, X_n$ の平均(期待値)を $\overline{X}$ とおくと，

$$\overline{X} = \dfrac{X_1 + X_2 + \cdots + X_n}{n}$$

と書けるので，(i)′, (ii)′ は次のように書き直せます。

(i)″　$E(\overline{X}) = \mu$　（μ：確率変数 $X_1, X_2, \cdots, X_n$ の各々の期待値）

(ii)″　$V(\overline{X}) = \dfrac{\sigma^2}{n}$　（σ^2：確率変数 $X_1, X_2, \cdots, X_n$ の各々の分散）

これは，

① 確率変数 $X_1, X_2, \cdots, X_n$ の期待値 μ は，

$$\text{平均 } \overline{X} = \dfrac{X_1 + X_2 + \cdots + X_n}{n} \text{ の期待値でもある}$$

② 確率変数 $X_1, X_2, \cdots, X_n$ の分散が σ^2 となるとき，

$$\text{平均 } \overline{X} = \dfrac{X_1 + X_2 + \cdots + X_n}{n} \text{ の分散は } \dfrac{\sigma^2}{n} \text{ となる}$$

ことを表しています。実はこのことは，この後で学ぶ **推定・検定** の土台となる非常に重要な 性質 となります。

●大数の法則（大数の弱法則）

ある試行における確率を，**定義** に従って求めたとします。このとき，

$$(\text{確率の定義}) = \dfrac{\text{ある事象の場合の数}}{\text{すべての場合の数}}$$

「試行の回数を増やしていくと，$\dfrac{\text{ある事象が起こる回数}}{\text{試行の回数}}$ の値が，**確率の値** に近づいていく」ことを保証する法則が，**大数の法則** といえます。

例えば，サイコロを投げて ⚀ の目が出る確率は，定義に従うと $\dfrac{1}{6}$ となりますが，実際に試行の回数を増やしていくと，$\dfrac{⚀\text{の目が出る回数}}{\text{試行の回数}}$ の値が $\dfrac{1}{6}$ に近づいていくことになります。

大数の法則

確率変数 $X_1, X_2, \cdots, X_n$ が独立で,すべてが期待値 μ,分散 σ^2 の同一の確率分布に従い,そして,

$$確率変数の平均\ \overline{X} = \frac{X_1 + X_2 + \cdots + X_n}{n}$$

とおくとき,任意の正の数 ε に対して,

$$\lim_{n \to \infty} P(|\overline{X} - \mu| < \varepsilon) = 1$$

> n をどんどん大きくしていくと,任意の正の数 ε に対して,$|\overline{X} - \mu| < \varepsilon$($\overline{X}$ と μ の差が限りなく小さくなる,つまり,$\overline{X}$ と μ が限りなく一致する)となる確率が 1 に近づくということです。

が成り立ちます。

証明 任意の正の数を ε としているので,

$$\varepsilon = \frac{k\sigma}{\sqrt{n}} \quad \cdots\cdots ①$$

$$(\Leftrightarrow k\sigma = \varepsilon \cdot \sqrt{n})$$

> 確率変数は $X_1, X_2, \cdots, X_n$ の n 個あり,この確率変数の分散が σ^2 で,k を任意の正の定数とします。

とおくことができて,このとき,

$$\varepsilon^2 = \frac{k^2\sigma^2}{n} \Leftrightarrow \frac{1}{k^2} = \frac{1}{n} \cdot \left(\frac{\sigma}{\varepsilon}\right)^2 \quad \cdots\cdots ②$$

となります。

また,

$$\text{チェビシェフの不等式}: P(|\underset{\text{"期待値"}}{X - \mu}| < k\underset{\text{"}\sqrt{\text{分散}}\text{"}}{\sigma}) \geq 1 - \frac{1}{k^2}$$

に対し,

$$E(\overline{X}) = \underset{\text{"期待値"}}{\mu},\ V(\overline{X}) = \frac{\sigma^2}{n} = \underset{\text{"}\sqrt{\text{分散}}\text{"}}{\left(\frac{\sigma}{\sqrt{n}}\right)^2} \quad \left(\text{ただし,}\ \overline{X} = \frac{X_1 + X_2 + \cdots + X_n}{n}\right)$$

となることに留意すると,

$$P\left(|\overline{X}-\mu|<k\cdot\frac{\sigma}{\sqrt{n}}\right)\geqq 1-\frac{1}{k^2}$$

が成立します。この式に①, ②式を代入すると,

$$\therefore\quad P(|\overline{X}-\mu|<\varepsilon)\geqq 1-\frac{1}{n}\cdot\left(\frac{\sigma}{\varepsilon}\right)^2$$

が成り立ちます。

さらに, $\frac{\sigma}{\varepsilon}$(∵定数)において, $n\to\infty$ を考えると,

$$1\geqq P(|\overline{X}-\mu|<\varepsilon)\geqq 1-\frac{1}{n}\cdot\left(\frac{\sigma}{\varepsilon}\right)^2\to 1\quad(n\to\infty)$$

（全確率は1です。）
（↓0）

となるので, はさみうちの原理により,

$$\therefore\quad \lim_{n\to\infty}P(|\overline{X}-\mu|<\varepsilon)=1$$

【証明終わり】

演習問題 10-1

正しくつくられた（どの目の出方も同程度に確からしい）2個のサイコロがある。このサイコロを同時に振り，出た目を調べるとき，小さくない方の数が出たサイコロの目を X，他方を Y とする。この X, Y についての同時確率分布を求めよ。

解答＆解説

$$\begin{cases} X = 1,2,3,4,5,6 \\ Y = 1,2,3,4,5,6 \end{cases}$$

である。

$$\begin{cases} x_1=1, x_2=2, \cdots, x_6=6 \\ y_1=1, y_2=2, \cdots, y_6=6 \end{cases}$$

のもとで，$X=x_i$，$Y=y_j$ となる。

よって，同時確率分布 $f(x_i, y_j)$ は次のようになる。

X \ Y	1	2	3	4	5	6
1	$\frac{1}{36}$	$\frac{2}{36}$	$\frac{2}{36}$	$\frac{2}{36}$	$\frac{2}{36}$	$\frac{2}{36}$
2	0	$\frac{1}{36}$	$\frac{2}{36}$	$\frac{2}{36}$	$\frac{2}{36}$	$\frac{2}{36}$
3	0	0	$\frac{1}{36}$	$\frac{2}{36}$	$\frac{2}{36}$	$\frac{2}{36}$
4	0	0	0	$\frac{1}{36}$	$\frac{2}{36}$	$\frac{2}{36}$
5	0	0	0	0	$\frac{1}{36}$	$\frac{2}{36}$
6	0	0	0	0	0	$\frac{1}{36}$

講義 LECTURE 11 正規分布

●正規分布の特徴

　連続型確率変数における確率分布で，最も重要な分布が正規分布です。

　この分布は，例えば，「何か(長さや重さなど)を測定するときに生じる測定値と実際の値との誤差」を考えるときに有効だとされています。

　また，この正規分布の確率密度関数 $f(x)$ のグラフを見てもらうとわかると思いますが，このグラフは左右対称となっており，対称性を有しています。この性質があるからこそ，正規分布に従う・近似する確率的な現象(例：学力テストの点数の頻度分布，身長や体重の頻度分布，天体の観測などに生じる誤差など)の解析に力を発揮するのです。

　ちなみにこの正規分布には，ド・モアブル-ラプラスの二項分布の極限分布としての考察と，それとは異なるガウスの誤差法則の正規分布近似性による考察の2つの発見アプローチがあり，なかなか興味深い歴史的背景をもっています。このことから，正規分布を**"ガウス分布"**ということもあります。

　それではこの分布の特徴を明らかにし，その後でこの分布の 重要性 を述べていくことにします。

正規分布

連続型確率変数 X における確率密度関数を $f(x)$ とすると，

$$f(x) = \frac{1}{\sqrt{2\pi}\,\sigma} \cdot e^{-\frac{(x-\mu)^2}{2\sigma^2}}$$

（π：円周率 $3.141\cdots$，e：自然対数の底 $2.718\cdots$）

となる確率分布を**正規分布**といいます。

この分布の平均(期待値)・分散は，

平均：$E(X) = \mu$，分散：$V(X) = \sigma^2$，標準偏差：σ

となり，この値は最初から確率密度関数 $f(x)$ に繰り込まれています。

また，この正規分布を通常，$N(\mu, \sigma^2)$ と表します。

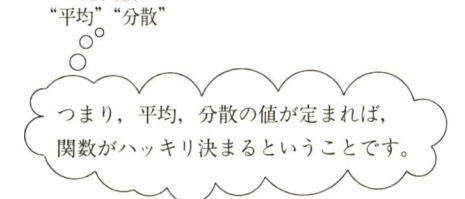

"平均" "分散"

つまり，平均，分散の値が定まれば，関数がハッキリ決まるということです。

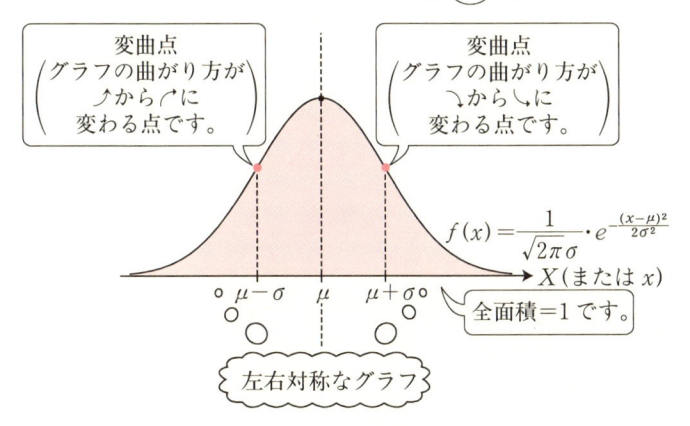

変曲点
（グラフの曲がり方が
↗ から ⌒ に
変わる点です。）

変曲点
（グラフの曲がり方が
⌒ から ↘ に
変わる点です。）

$\mu - \sigma$　μ　$\mu + \sigma$

$f(x) = \dfrac{1}{\sqrt{2\pi}\,\sigma} \cdot e^{-\frac{(x-\mu)^2}{2\sigma^2}}$

X（または x）

全面積＝1 です。

左右対称なグラフ

注 変曲点とは，このグラフを1つの道と考えたとき，あなたがその道で車の運転をしているならば，ハンドルを左に切った状態から右に切り返す（あるいはその逆の）点のことです。

講義11●正規分布

また，正規分布のグラフには次の特徴があります。

連続型確率変数の確率においては，「(確率)＝(面積)」という関係に注意すると，

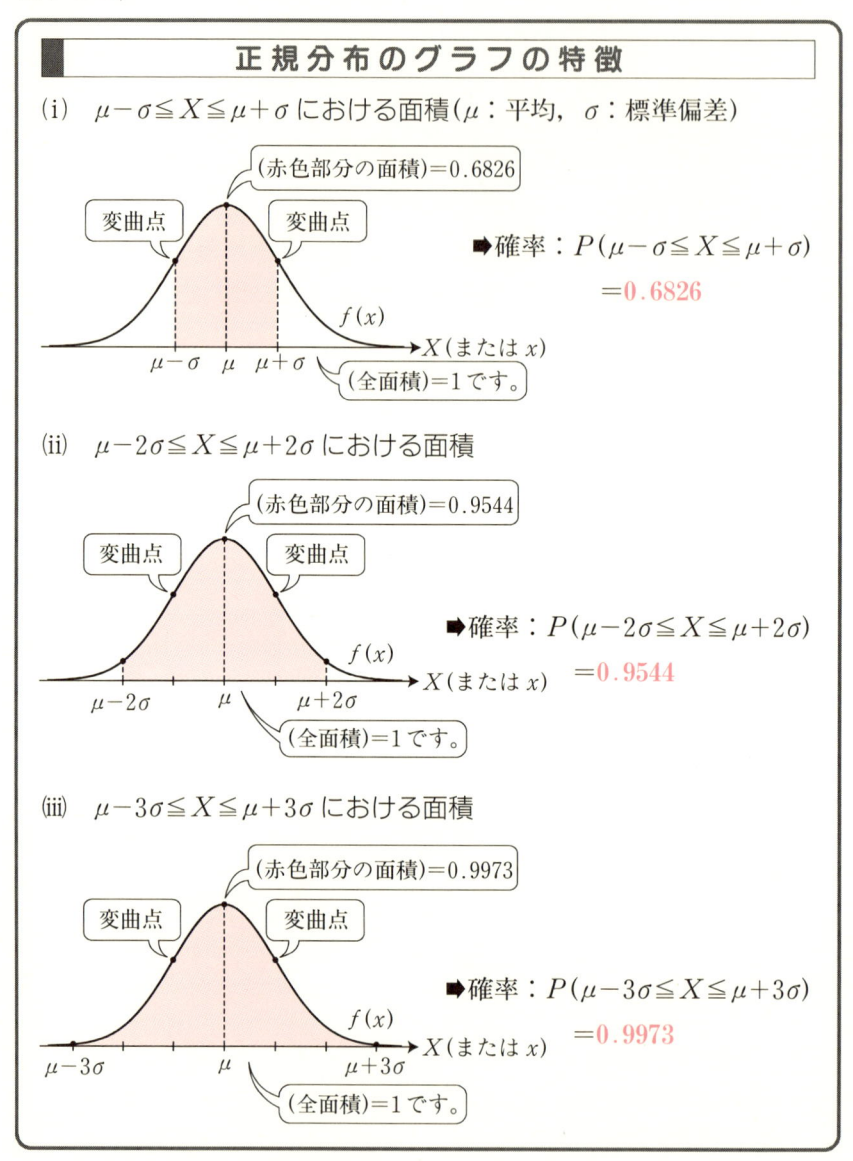

正規分布のグラフの特徴

(i) $\mu-\sigma \leqq X \leqq \mu+\sigma$ における面積(μ：平均，σ：標準偏差)

(赤色部分の面積)＝0.6826

➡ 確率：$P(\mu-\sigma \leqq X \leqq \mu+\sigma)$
　　　　＝0.6826

(全面積)＝1 です。

(ii) $\mu-2\sigma \leqq X \leqq \mu+2\sigma$ における面積

(赤色部分の面積)＝0.9544

➡ 確率：$P(\mu-2\sigma \leqq X \leqq \mu+2\sigma)$
　　　　＝0.9544

(全面積)＝1 です。

(iii) $\mu-3\sigma \leqq X \leqq \mu+3\sigma$ における面積

(赤色部分の面積)＝0.9973

➡ 確率：$P(\mu-3\sigma \leqq X \leqq \mu+3\sigma)$
　　　　＝0.9973

(全面積)＝1 です。

のように，面積から正規分布 $N(\mu, \sigma^2)$ の確率を求めることができます。

しかし，一般的には正規分布 $N(\mu, \sigma^2)$ の確率

$$P(\underset{"定数"}{a} \leqq X \leqq \underset{"定数"}{b}) = \int_a^b \frac{1}{\sqrt{2\pi}\sigma} \cdot e^{-\frac{(x-\mu)^2}{2\sigma^2}} dx$$

の計算は簡単にはできません。それでは，どうやって確率を求めればよいのでしょうか。

1つの方法としては，現代ではコンピュータを用いて毎回毎回，正規分布 $N(\mu, \sigma^2)$ の確率を計算させる方法がありますね。

それでは，コンピュータを用いずに確率を求めようとするならば，毎回毎回，自分で具体的に計算するしかないのでしょうか？ その計算はとても面倒です。これは，扱う正規分布ごとにその特徴となる値，平均 μ，分散 σ^2 の値も変わってしまうので，なおさらなのです。

さて，それではどうしたらよいのでしょうか？

アイディアとしては，各正規分布 $N(\mu, \sigma^2)$ に対して，あらかじめ共通のプラットフォームをつくって準備しておく方法が挙げられます。

つまり，その共通のプラットフォームとなる正規分布 $N(\mu, \sigma^2)$ における確率を計算してまとめた**表**から，**各正規分布 $N(\mu, \sigma^2)$ の確率を還元して求める**という方法です。

こうすれば，手間はプラットフォームとなる正規分布 $N(\mu, \sigma^2)$ の確率表を用意するだけですみます。

☞ ここでは先人の見つけたプラットフォームを後追いしてみましょう。

正規分布 $N(\mu, \sigma^2)$ に従う確率変数 X に対して，

$$Z = \frac{X - \mu}{\sigma}$$

という変換を施して得られる確率変数 Z の平均・分散は，

$$\text{平均}: E(Z) = E\left(\frac{X - \mu}{\sigma}\right) = E\left(\frac{1}{\sigma} \cdot X - \frac{\mu}{\sigma}\right)$$

$$= \frac{1}{\sigma} \cdot \underbrace{E(X)}_{\mu} - \frac{\mu}{\sigma}$$

$$= 0$$

性質
$E(a \cdot X + b)$
$= a \cdot E(X) + b$ より

分散：$V(Z) = V\left(\dfrac{X-\mu}{\sigma}\right) = V\left(\dfrac{1}{\sigma} \cdot X - \dfrac{\mu}{\sigma}\right)$

$= \dfrac{1}{\sigma^2} \cdot \underbrace{V(X)}_{= \sigma^2}$

$= 1$

> **性質**
> $V(a \cdot X + b)$
> $= a^2 \cdot V(X)$ より

$\therefore\ \boldsymbol{E(Z) = 0},\quad \boldsymbol{V(Z) = 1}$

となります。

ここで問題となるのは，確率変数 X は正規分布 $N(\mu, \sigma^2)$ に対応しますが，変換して得られた確率変数 Z の対応する確率分布はどうなるのかということではないでしょうか。とにかく調べてみることにしましょう。

それでは，確率変数 Z が $a \leqq Z \leqq b$ となるときの確率 $P(a \leqq Z \leqq b)$ を考えます。

$P(a \leqq Z \leqq b) = P\left(a \leqq \dfrac{X-\mu}{\sigma} \leqq b\right)$

$= P(\mu + a\sigma \leqq X \leqq \mu + b\sigma)$

> 確率変数 X は，正規分布 $N(\mu, \sigma^2)$ に従うので，確率密度関数は
> $$\dfrac{1}{\sqrt{2\pi}\,\sigma} \cdot e^{-\frac{(x-\mu)^2}{2\sigma^2}}$$
> となります。

$= \displaystyle\int_{\mu+a\sigma}^{\mu+b\sigma} \dfrac{1}{\sqrt{2\pi}\,\sigma} \cdot e^{-\frac{(x-\mu)^2}{2\sigma^2}}\,dx$

> ここで，$z = \dfrac{x-\mu}{\sigma}$ という置換積分をすると，
> $\begin{cases} \cdot\ dz = \dfrac{1}{\sigma}\,dx \Leftrightarrow \sigma\,dz = dx \\ \cdot\ \begin{array}{|c|ccc|} \hline x & \mu+a\sigma & \to & \mu+b\sigma \\ \hline z & a & \to & b \\ \hline \end{array} \end{cases}$
> となります。

$= \displaystyle\int_a^b \dfrac{1}{\sqrt{2\pi}\,\sigma} \cdot e^{-\frac{z^2}{2}} \cdot \sigma\,dz$

$$= \int_a^b \frac{1}{\sqrt{2\pi}} \cdot e^{-\frac{z^2}{2}} dz$$

> この関数は，正規分布 $N(0,1)$ のときの確率密度関数，
> $$g(x) = \frac{1}{\sqrt{2\pi} \cdot 1} \cdot e^{-\frac{(x-0)^2}{2 \cdot 1^2}}$$
> $$= \frac{1}{\sqrt{2\pi}} \cdot e^{-\frac{x^2}{2}}$$
> と同じ形となっています。

$$\therefore \quad P(a \leq Z \leq b) = \int_a^b \frac{1}{\sqrt{2\pi}} \cdot e^{-\frac{z^2}{2}} dz$$

この結果から，確率変数 Z の確率密度関数は $g(z) = \frac{1}{\sqrt{2\pi}} \cdot e^{-\frac{z^2}{2}}$ となるので，確率変数 Z は，平均：$\mu=0$，分散：$\sigma^2=1$ の正規分布 $N(0,1)$ に対応することがわかります。

注　この証明方法が素晴らしいのは，確率変数 Z が $N(0,1)$ に対応することを，$N(\mu, \sigma^2)$ に従う確率変数 X の確率を考察することによって示したところにあると思います。

ここで，正規分布 $N(0,1)$ の確率密度関数 $g(z)$ のグラフを見てみましょう。

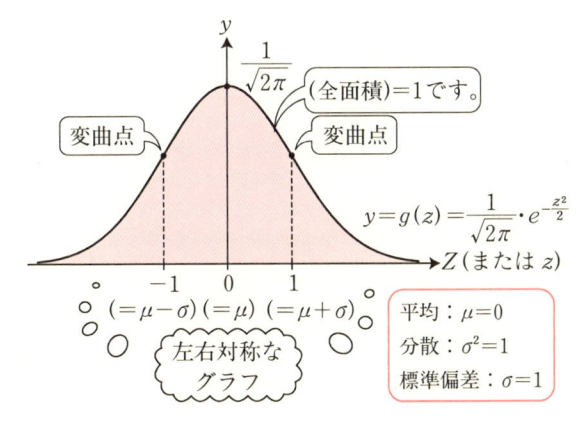

（グラフ：標準正規分布の確率密度関数。y軸上に $\frac{1}{\sqrt{2\pi}}$，（全面積）＝1 です。変曲点が $z = -1, 1$ の位置。$-1(=\mu-\sigma)$，$0(=\mu)$，$1(=\mu+\sigma)$。左右対称なグラフ。$y = g(z) = \frac{1}{\sqrt{2\pi}} \cdot e^{-\frac{z^2}{2}}$，$Z$（または z）。平均：$\mu=0$，分散：$\sigma^2=1$，標準偏差：$\sigma=1$）

先人はこの正規分布 $N(0,1)$ をプラットフォームとして採用し，特に**標準正規分布**と呼ぶことにしました。後はこの「グラフの(面積)＝(確率)」の値を具体的に調べ，表をつくるだけです。以下はその表です。

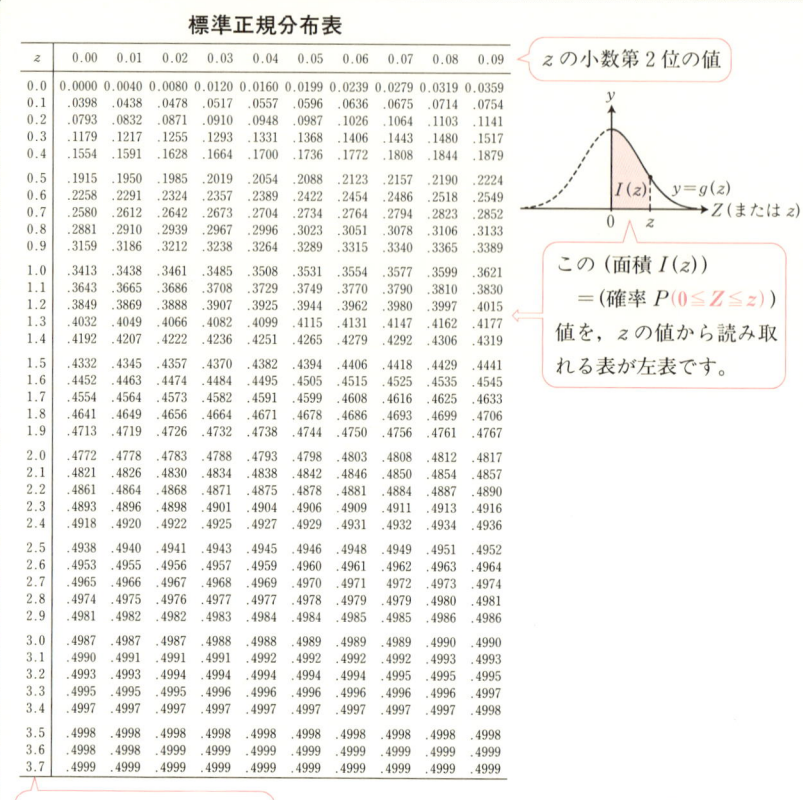

標準正規分布表

z	0.00	0.01	0.02	0.03	0.04	0.05	0.06	0.07	0.08	0.09
0.0	0.0000	.0040	.0080	.0120	.0160	.0199	.0239	.0279	.0319	.0359
0.1	.0398	.0438	.0478	.0517	.0557	.0596	.0636	.0675	.0714	.0754
0.2	.0793	.0832	.0871	.0910	.0948	.0987	.1026	.1064	.1103	.1141
0.3	.1179	.1217	.1255	.1293	.1331	.1368	.1406	.1443	.1480	.1517
0.4	.1554	.1591	.1628	.1664	.1700	.1736	.1772	.1808	.1844	.1879
0.5	.1915	.1950	.1985	.2019	.2054	.2088	.2123	.2157	.2190	.2224
0.6	.2258	.2291	.2324	.2357	.2389	.2422	.2454	.2486	.2518	.2549
0.7	.2580	.2612	.2642	.2673	.2704	.2734	.2764	.2794	.2823	.2852
0.8	.2881	.2910	.2939	.2967	.2996	.3023	.3051	.3078	.3106	.3133
0.9	.3159	.3186	.3212	.3238	.3264	.3289	.3315	.3340	.3365	.3389
1.0	.3413	.3438	.3461	.3485	.3508	.3531	.3554	.3577	.3599	.3621
1.1	.3643	.3665	.3686	.3708	.3729	.3749	.3770	.3790	.3810	.3830
1.2	.3849	.3869	.3888	.3907	.3925	.3944	.3962	.3980	.3997	.4015
1.3	.4032	.4049	.4066	.4082	.4099	.4115	.4131	.4147	.4162	.4177
1.4	.4192	.4207	.4222	.4236	.4251	.4265	.4279	.4292	.4306	.4319
1.5	.4332	.4345	.4357	.4370	.4382	.4394	.4406	.4418	.4429	.4441
1.6	.4452	.4463	.4474	.4484	.4495	.4505	.4515	.4525	.4535	.4545
1.7	.4554	.4564	.4573	.4582	.4591	.4599	.4608	.4616	.4625	.4633
1.8	.4641	.4649	.4656	.4664	.4671	.4678	.4686	.4693	.4699	.4706
1.9	.4713	.4719	.4726	.4732	.4738	.4744	.4750	.4756	.4761	.4767
2.0	.4772	.4778	.4783	.4788	.4793	.4798	.4803	.4808	.4812	.4817
2.1	.4821	.4826	.4830	.4834	.4838	.4842	.4846	.4850	.4854	.4857
2.2	.4861	.4864	.4868	.4871	.4875	.4878	.4881	.4884	.4887	.4890
2.3	.4893	.4896	.4898	.4901	.4904	.4906	.4909	.4911	.4913	.4916
2.4	.4918	.4920	.4922	.4925	.4927	.4929	.4931	.4932	.4934	.4936
2.5	.4938	.4940	.4941	.4943	.4945	.4946	.4948	.4949	.4951	.4952
2.6	.4953	.4955	.4956	.4957	.4959	.4960	.4961	.4962	.4963	.4964
2.7	.4965	.4966	.4967	.4968	.4969	.4970	.4971	.4972	.4973	.4974
2.8	.4974	.4975	.4976	.4977	.4977	.4978	.4979	.4979	.4980	.4981
2.9	.4981	.4982	.4982	.4983	.4984	.4984	.4985	.4985	.4986	.4986
3.0	.4987	.4987	.4987	.4988	.4988	.4989	.4989	.4989	.4990	.4990
3.1	.4990	.4991	.4991	.4991	.4992	.4992	.4992	.4992	.4993	.4993
3.2	.4993	.4993	.4994	.4994	.4994	.4994	.4994	.4995	.4995	.4995
3.3	.4995	.4995	.4995	.4996	.4996	.4996	.4996	.4996	.4996	.4997
3.4	.4997	.4997	.4997	.4997	.4997	.4997	.4997	.4997	.4997	.4998
3.5	.4998	.4998	.4998	.4998	.4998	.4998	.4998	.4998	.4998	.4998
3.6	.4998	.4998	.4999	.4999	.4999	.4999	.4999	.4999	.4999	.4999
3.7	.4999	.4999	.4999	.4999	.4999	.4999	.4999	.4999	.4999	.4999

z の小数第 2 位の値

この (面積 $I(z)$) = (確率 $P(0 \leq Z \leq z)$) 値を，z の値から読み取れる表が左表です。

z の 1 位と小数第 1 位の値

例 $z = 0.32$ のときの面積 $I(z)$ を求めてみます。

まずは，「1 位と小数第 1 位」が 0.3 となっているところを探し，次に「小数第 2 位」が 0.02 となっているところを探します。

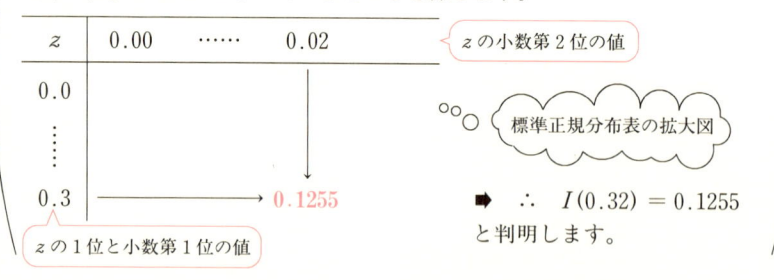

z	0.00	……	0.02
0.0			
⋮			
0.3		→	0.1255

z の小数第 2 位の値

標準正規分布表の拡大図

➡ ∴ $I(0.32) = 0.1255$ と判明します。

z の 1 位と小数第 1 位の値

この表には $z \geqq 0$ のときの $I(z)$ しか出ていないじゃないかと思われるかもしれませんね。

しかし，グラフの y 軸に関する対称性やちょっとした工夫で，"すべての標準正規分布 $N(0,1)$ の(面積)＝(確率)" は求められるのです。

例1 確率 $P(-z \leqq Z \leqq 0)$ の値：

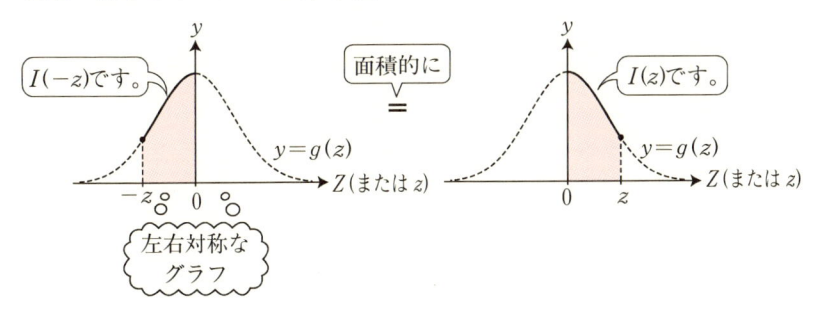

これより「$P(-z \leqq Z \leqq 0) = I(-z) = I(z)$」として求められます。

例2 確率 $P(-z_1 \leqq Z \leqq z_2)$ の値：

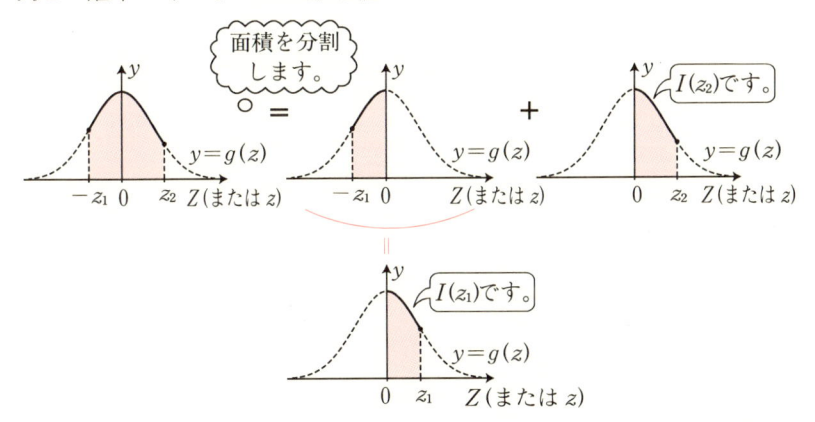

これより「$P(-z_1 \leqq Z \leqq z_2) = \cdots = I(z_1) + I(z_2)$」として求められます。

例3 確率 $P(z_1 \leqq Z \leqq z_2)$ の値：

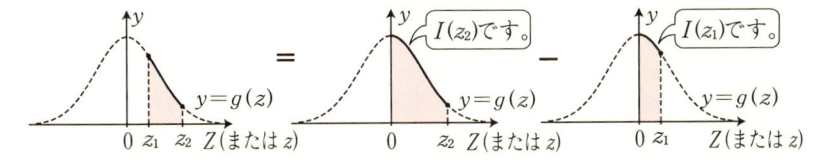

これより「$P(z_1 \leqq Z \leqq z_2) = I(z_2) - I(z_1)$」として求められます。

それでは，この標準正規分布表を用いるとして，どのようにすれば一般の正規分布 $N(\mu, \sigma^2)$ に従う確率変数 X の確率 $P(a \leq X \leq b)$ が求められるのか，実際に Z に変換して確かめてみることにしましょう。

$$P(a \leq X \leq b) = P\left(\frac{a-\mu}{\sigma} \leq Z \leq \frac{b-\mu}{\sigma}\right)$$

変数変換：$Z = \dfrac{X-\mu}{\sigma}$ を用いると，
$a \leq X \leq b \Leftrightarrow \dfrac{a-\mu}{\sigma} \leq Z \leq \dfrac{b-\mu}{\sigma}$
となります。

確率変数 Z は標準正規分布 $N(0,1)$ に従います。

となりますので，標準正規分布表を見ながら $P\left(\dfrac{a-\sigma}{\mu} \leq Z \leq \dfrac{b-\sigma}{\mu}\right)$ を計算し，その結果を $P(a \leq X \leq b)$ に還元すればよいのです。

ここで大事なのは

正規分布 $N(\mu, \sigma^2)$ の確率
↓ 変数変換
標準正規分布 $N(0,1)$ の確率
↓
標準正規分布表の活用
↓ 変数変換の逆
正規分布 $N(\mu, \sigma^2)$ の確率

となることです。この結果は任意の正規分布に用いることができるので，任意の正規分布の確率が求められることになります。

●正規分布の重要性

これまで正規分布の特徴を述べてきましたが，ここでは正規分布の重要性を述べていきます。

(i) 世の中のさまざまな現象(自然現象や社会現象など)は，正規分布に従うものが多いと考えられています。例えば本講の最初に述べた測定の誤差という現象も，正規分布に従うことが知られています。

(ii) 扱うデータが多くなると，多くの確率分布が正規分布で近似できることも知られています。次の**ラプラスの定理**もその一例です。

ラプラスの定理

n が十分大きいとき，二項分布 $B(n,p)$ に従う確率変数 X（平均 $E(X)=np$, 分散 $V(X)=np(1-p)$）は正規分布 $N(np, np(1-p))$ に近似的に従います。つまり，

$$n : 大のとき, \quad B(n,p) \xrightarrow{\text{対応}} N(np, np(1-p))$$

と近似的に考えることができます。

よって，「$Z = \dfrac{X-np}{\sqrt{np(1-p)}}$ と変数変換をすると，確率変数 Z は，標準正規分布 $N(0,1)$ に近似的に従う」ことになります。

(iii) さらに「正規分布の再生性」という 性質 もあります。

正規分布の再生性

確率変数 X, Y が独立で，各々，正規分布 $N(\mu_X, \sigma_X{}^2), N(\mu_Y, \sigma_Y{}^2)$ に従うとき，「確率変数の和によってできる新しい確率変数 $X+Y$ は，正規分布 $N(\mu_X+\mu_Y, \sigma_X{}^2+\sigma_Y{}^2)$ に従う」ことになります。

グラフで見ると，

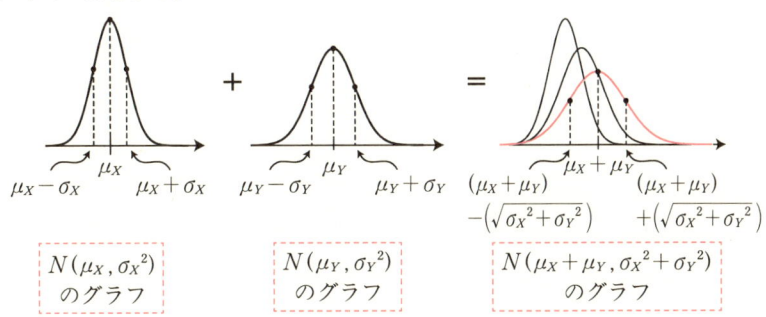

$N(\mu_X, \sigma_X{}^2)$ のグラフ + $N(\mu_Y, \sigma_Y{}^2)$ のグラフ = $N(\mu_X+\mu_Y, \sigma_X{}^2+\sigma_Y{}^2)$ のグラフ

ということです。

このように，正規分布はさまざまな現象に適用できる点や，正規分布に従う変数の和が再び正規分布に従う点などにより，非常に有用性の高い分布となっているのです。

演習問題 11-1

確率変数 z が $N(0,1)$ に従うとき，以下の標準正規分布表を用いて次の値を求めよ。

(1) $P(0 \leq z \leq 1.35)$

(2) $P(-1.25 \leq z \leq 0)$

(3) $P(-2.25 \leq z \leq 2.25)$

(4) $P(0.72 \leq z \leq 1.33)$

(5) $P(z \leq 1.66)$

(6) $P(-0.55 \leq z)$

z	0.00	0.01	0.02	0.03	0.04	0.05	0.06	0.07	0.08	0.09
0.0	0.0000	0.0040	0.0080	0.0120	0.0160	0.0199	0.0239	0.0279	0.0319	0.0359
0.1	.0398	.0438	.0478	.0517	.0557	.0596	.0636	.0675	.0714	.0754
0.2	.0793	.0832	.0871	.0910	.0948	.0987	.1026	.1064	.1103	.1141
0.3	.1179	.1217	.1255	.1293	.1331	.1368	.1406	.1443	.1480	.1517
0.4	.1554	.1591	.1628	.1664	.1700	.1736	.1772	.1808	.1844	.1879
0.5	.1915	.1950	.1985	.2019	.2054	.2088	.2123	.2157	.2190	.2224
0.6	.2258	.2291	.2324	.2357	.2389	.2422	.2454	.2486	.2518	.2549
0.7	.2580	.2612	.2642	.2673	.2704	.2734	.2764	.2794	.2823	.2852
0.8	.2881	.2910	.2939	.2967	.2996	.3023	.3051	.3078	.3106	.3133
0.9	.3159	.3186	.3212	.3238	.3264	.3289	.3315	.3340	.3365	.3389
1.0	.3413	.3438	.3461	.3485	.3508	.3531	.3554	.3577	.3599	.3621
1.1	.3643	.3665	.3686	.3708	.3729	.3749	.3770	.3790	.3810	.3830
1.2	.3849	.3869	.3888	.3907	.3925	.3944	.3962	.3980	.3997	.4015
1.3	.4032	.4049	.4066	.4082	.4099	.4115	.4131	.4147	.4162	.4177
1.4	.4192	.4207	.4222	.4236	.4251	.4265	.4279	.4292	.4306	.4319
1.5	.4332	.4345	.4357	.4370	.4382	.4394	.4406	.4418	.4429	.4441
1.6	.4452	.4463	.4474	.4484	.4495	.4505	.4515	.4525	.4535	.4545
1.7	.4554	.4564	.4573	.4582	.4591	.4599	.4608	.4616	.4625	.4633
1.8	.4641	.4649	.4656	.4664	.4671	.4678	.4686	.4693	.4699	.4706
1.9	.4713	.4719	.4726	.4732	.4738	.4744	.4750	.4756	.4761	.4767
2.0	.4772	.4778	.4783	.4788	.4793	.4798	.4803	.4808	.4812	.4817
2.1	.4821	.4826	.4830	.4834	.4838	.4842	.4846	.4850	.4854	.4857
2.2	.4861	.4864	.4868	.4871	.4875	.4878	.4881	.4884	.4887	.4890
2.3	.4893	.4896	.4898	.4901	.4904	.4906	.4909	.4911	.4913	.4916
2.4	.4918	.4920	.4922	.4925	.4927	.4929	.4931	.4932	.4934	.4936
2.5	.4938	.4940	.4941	.4943	.4945	.4946	.4948	.4949	.4951	.4952
2.6	.4953	.4955	.4956	.4957	.4959	.4960	.4961	.4962	.4963	.4964
2.7	.4965	.4966	.4967	.4968	.4969	.4970	.4971	.4972	.4973	.4974
2.8	.4974	.4975	.4976	.4977	.4977	.4978	.4979	.4979	.4980	.4981
2.9	.4981	.4982	.4982	.4983	.4984	.4984	.4985	.4985	.4986	.4986
3.0	.4987	.4987	.4987	.4988	.4988	.4989	.4989	.4989	.4990	.4990
3.1	.4990	.4991	.4991	.4991	.4992	.4992	.4992	.4992	.4993	.4993
3.2	.4993	.4993	.4994	.4994	.4994	.4994	.4994	.4995	.4995	.4995
3.3	.4995	.4995	.4995	.4996	.4996	.4996	.4996	.4996	.4996	.4997
3.4	.4997	.4997	.4997	.4997	.4997	.4997	.4997	.4997	.4997	.4998
3.5	.4998	.4998	.4998	.4998	.4998	.4998	.4998	.4998	.4998	.4998
3.6	.4998	.4998	.4999	.4999	.4999	.4999	.4999	.4999	.4999	.4999
3.7	.4999	.4999	.4999	.4999	.4999	.4999	.4999	.4999	.4999	.4999

解答&解説

(1) 標準正規分布表により，面積 $I(z)$ は $z=1.35$ のとき $I(1.35)=0.4115$ であるから，
$$P(0 \leq z \leq 1.35) = 0.4115$$

(2) 標準正規分布表により，面積 $I(z)$ は $z=1.25$ のとき $I(1.25)=0.3944$ であるから，
$$P(-1.25 \leq z \leq 0) = 0.3944$$

(3) 標準正規分布表により，面積 $I(z)$ は $z=2.25$ のとき $I(2.25)=0.4878$ であるから，
$$P(-2.25 \leq z \leq 2.25) = 0.4878 + 0.4878 = 0.9756$$

(注 グラフの対称性により，0.4878×2=0.9756 としても可です。)

(4) 標準正規分布表により，面積 $I(z)$ は $z=0.72$ のとき $I(0.72)=0.2642$，$z=1.33$ のとき $I(1.33)=0.4082$ であるから，
$$P(0.72 \leq z \leq 1.33) = 0.4082 - 0.2642 = 0.1440$$

(5) 標準正規分布表により，面積 $I(z)$ は $z=1.66$ のとき $I(1.66)=0.4515$ であるから，
$$P(z \leq 1.66) = 0.5000 + 0.4515 = 0.9515$$

(6) 標準正規分布表により，面積 $I(z)$ は $z=0.55$ のとき $I(0.55)=0.2088$ であるから，
$$P(-0.55 \leq z) = 0.2088 + 0.5000 = 0.7088$$

実習問題 11-1

ある国の成人男子の平均身長は 170 cm，標準偏差は 5 cm であることが知られている。このとき標準正規分布表を用いて以下の問いに答えよ。

(1) 身長 160 cm 以上 175 cm 以下の成人男子は全体の何％に相当するか求めよ。

(2) 身長が高い方から 5％ の集団に入るのは何 cm 以上に相当するか求めよ。

z	0.00	0.01	0.02	0.03	0.04	0.05	0.06	0.07	0.08	0.09
0.0	0.0000	0.0040	0.0080	0.0120	0.0160	0.0199	0.0239	0.0279	0.0319	0.0359
0.1	.0398	.0438	.0478	.0517	.0557	.0596	.0636	.0675	.0714	.0754
0.2	.0793	.0832	.0871	.0910	.0948	.0987	.1026	.1064	.1103	.1141
0.3	.1179	.1217	.1255	.1293	.1331	.1368	.1406	.1443	.1480	.1517
0.4	.1554	.1591	.1628	.1664	.1700	.1736	.1772	.1808	.1844	.1879
0.5	.1915	.1950	.1985	.2019	.2054	.2088	.2123	.2157	.2190	.2224
0.6	.2258	.2291	.2324	.2357	.2389	.2422	.2454	.2486	.2518	.2549
0.7	.2580	.2612	.2642	.2673	.2704	.2734	.2764	.2794	.2823	.2852
0.8	.2881	.2910	.2939	.2967	.2996	.3023	.3051	.3078	.3106	.3133
0.9	.3159	.3186	.3212	.3238	.3264	.3289	.3315	.3340	.3365	.3389
1.0	.3413	.3438	.3461	.3485	.3508	.3531	.3554	.3577	.3599	.3621
1.1	.3643	.3665	.3686	.3708	.3729	.3749	.3770	.3790	.3810	.3830
1.2	.3849	.3869	.3888	.3907	.3925	.3944	.3962	.3980	.3997	.4015
1.3	.4032	.4049	.4066	.4082	.4099	.4115	.4131	.4147	.4162	.4177
1.4	.4192	.4207	.4222	.4236	.4251	.4265	.4279	.4292	.4306	.4319
1.5	.4332	.4345	.4357	.4370	.4382	.4394	.4406	.4418	.4429	.4441
1.6	.4452	.4463	.4474	.4484	.4495	.4505	.4515	.4525	.4535	.4545
1.7	.4554	.4564	.4573	.4582	.4591	.4599	.4608	.4616	.4625	.4633
1.8	.4641	.4649	.4656	.4664	.4671	.4678	.4686	.4693	.4699	.4706
1.9	.4713	.4719	.4726	.4732	.4738	.4744	.4750	.4756	.4761	.4767
2.0	.4772	.4778	.4783	.4788	.4793	.4798	.4803	.4808	.4812	.4817
2.1	.4821	.4826	.4830	.4834	.4838	.4842	.4846	.4850	.4854	.4857
2.2	.4861	.4864	.4868	.4871	.4875	.4878	.4881	.4884	.4887	.4890
2.3	.4893	.4896	.4898	.4901	.4904	.4906	.4909	.4911	.4913	.4916
2.4	.4918	.4920	.4922	.4925	.4927	.4929	.4931	.4932	.4934	.4936
2.5	.4938	.4940	.4941	.4943	.4945	.4946	.4948	.4949	.4951	.4952
2.6	.4953	.4955	.4956	.4957	.4959	.4960	.4961	.4962	.4963	.4964
2.7	.4965	.4966	.4967	.4968	.4969	.4970	.4971	.4972	.4973	.4974
2.8	.4974	.4975	.4976	.4977	.4977	.4978	.4979	.4979	.4980	.4981
2.9	.4981	.4982	.4982	.4983	.4984	.4984	.4985	.4985	.4986	.4986
3.0	.4987	.4987	.4987	.4988	.4988	.4989	.4989	.4989	.4990	.4990
3.1	.4990	.4991	.4991	.4991	.4992	.4992	.4992	.4992	.4993	.4993
3.2	.4993	.4993	.4994	.4994	.4994	.4994	.4994	.4995	.4995	.4995
3.3	.4995	.4995	.4995	.4996	.4996	.4996	.4996	.4996	.4996	.4997
3.4	.4997	.4997	.4997	.4997	.4997	.4997	.4997	.4997	.4997	.4998
3.5	.4998	.4998	.4998	.4998	.4998	.4998	.4998	.4998	.4998	.4998
3.6	.4998	.4998	.4999	.4999	.4999	.4999	.4999	.4999	.4999	.4999
3.7	.4999	.4999	.4999	.4999	.4999	.4999	.4999	.4999	.4999	.4999

解答＆解説

$\mu=170$, $\sigma=5$ なので，
$$z = \frac{X-\mu}{\sigma} = \frac{X-170}{5}$$
である。

(1) $X=160$ のとき
$$z = \frac{160-170}{5} = -2$$

$X=175$ のとき
$$z = \frac{175-170}{5} = \boxed{\text{(a)}}$$

となる。$I(z)$ は，標準正規分布表により，
$$I(2) = 0.4772, \quad I(1) = 0.3413$$
であるから，
$$P(-2 \leq z \leq 1) = 0.4772 + 0.3413 = \boxed{\text{(b)}}$$

したがって，全体の82％に相当する。

(2) $I(z)=0.50-0.05=0.45$ となる z は標準正規分布表により $z=1.65$ である。よって，
$$1.65 = \frac{X-170}{5}$$
を解いて，
$$X = \boxed{\text{(c)}}$$
となる。

したがって，身長 178 cm 以上に相当する。

....

(a) 1　　(b) 0.8185　　(c) 178.25

LECTURE 12 さまざまな確率分布2
―― t 分布・χ^2 分布・F 分布 ――

統計で最も重要な確率分布は、前回の講義で学んだ正規分布です。しかし、その他にもいくつかの重要な分布があります。本講では、後で学ぶ推定や検定で用いる t 分布、χ^2 分布、F 分布について勉強します。もちろん、推定や検定で必要になってから読んでもかまいません。

● **t 分布**

t 分布はこの後で学ぶ母平均の区間推定や検定などで用いる確率分布です。

---

t 分布

連続型確率変数 X において、確率密度関数 $f(x)$ がパラメータ n を用いて

$$f(x) = \frac{\Gamma\left(\frac{n+1}{2}\right)}{\sqrt{n\pi}\cdot\Gamma\left(\frac{n}{2}\right)}\cdot\left(1+\frac{x^2}{n}\right)^{-\frac{n+1}{2}} \quad (-\infty < x < \infty,\ n \geq 1)$$

と表される確率分布を、**自由度 n の t 分布**といいます。

補足 ―― ガンマ関数 $\Gamma(n)$ ――

定義式 $\Gamma(n) = \displaystyle\int_0^\infty x^{n-1} e^{-x}\, dx \quad (n > 0)$

性質 (i) $\Gamma(n) = (n-1) \times \Gamma(n-1)$

(ii) $\Gamma(1) = 1$, $\Gamma\left(\dfrac{1}{2}\right) = \sqrt{\pi}$, $\Gamma(n+1) = n!$

$(n = 1, 2, \cdots)$

(iii) $\Gamma\left(\dfrac{n}{2}\right) = \begin{cases} \left(\dfrac{n}{2}-1\right)! & (n：偶数) \\ \left(\dfrac{n}{2}-1\right) \times \left(\dfrac{n}{2}-2\right) \times \cdots \times \dfrac{1}{2} \times \underbrace{\sqrt{\pi}}_{\substack{\| \\ \Gamma\left(\frac{1}{2}\right)}} & (n：奇数) \end{cases}$

またこのとき，

- 期待値：$E(X) = 0$ （$n \geqq 2$ のとき）
- 分散：$V(X) = \dfrac{n}{n-2}$ （$n \geqq 3$ のとき）

となります。

グラフで見ると，

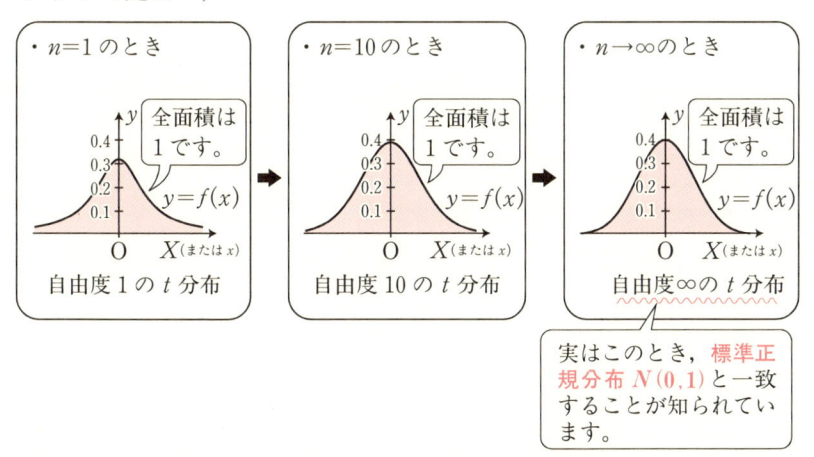

- $n=1$ のとき
  全面積は1です。
  $y = f(x)$
  自由度1の t 分布

- $n=10$ のとき
  全面積は1です。
  $y = f(x)$
  自由度10の t 分布

- $n \to \infty$ のとき
  全面積は1です。
  $y = f(x)$
  自由度∞の t 分布

  実はこのとき，標準正規分布 $N(0,1)$ と一致することが知られています。

となり，「$n \to \infty$ で，(自由度 n の t 分布) = (標準正規分布 $N(0,1)$)」となります。また，$n > 30$ 程度ならば，t 分布は標準正規分布で近似できます。

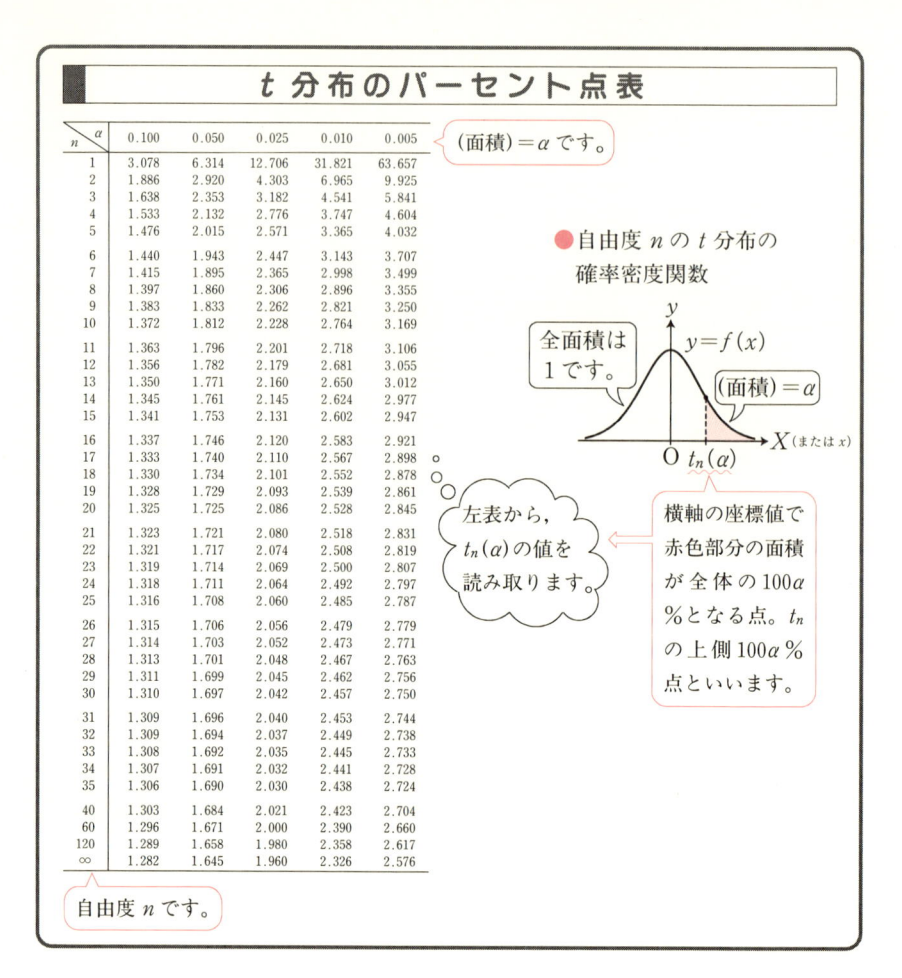

t 分布のパーセント点表

(面積)＝α です。

n \ α	0.100	0.050	0.025	0.010	0.005
1	3.078	6.314	12.706	31.821	63.657
2	1.886	2.920	4.303	6.965	9.925
3	1.638	2.353	3.182	4.541	5.841
4	1.533	2.132	2.776	3.747	4.604
5	1.476	2.015	2.571	3.365	4.032
6	1.440	1.943	2.447	3.143	3.707
7	1.415	1.895	2.365	2.998	3.499
8	1.397	1.860	2.306	2.896	3.355
9	1.383	1.833	2.262	2.821	3.250
10	1.372	1.812	2.228	2.764	3.169
11	1.363	1.796	2.201	2.718	3.106
12	1.356	1.782	2.179	2.681	3.055
13	1.350	1.771	2.160	2.650	3.012
14	1.345	1.761	2.145	2.624	2.977
15	1.341	1.753	2.131	2.602	2.947
16	1.337	1.746	2.120	2.583	2.921
17	1.333	1.740	2.110	2.567	2.898
18	1.330	1.734	2.101	2.552	2.878
19	1.328	1.729	2.093	2.539	2.861
20	1.325	1.725	2.086	2.528	2.845
21	1.323	1.721	2.080	2.518	2.831
22	1.321	1.717	2.074	2.508	2.819
23	1.319	1.714	2.069	2.500	2.807
24	1.318	1.711	2.064	2.492	2.797
25	1.316	1.708	2.060	2.485	2.787
26	1.315	1.706	2.056	2.479	2.779
27	1.314	1.703	2.052	2.473	2.771
28	1.313	1.701	2.048	2.467	2.763
29	1.311	1.699	2.045	2.462	2.756
30	1.310	1.697	2.042	2.457	2.750
31	1.309	1.696	2.040	2.453	2.744
32	1.309	1.694	2.037	2.449	2.738
33	1.308	1.692	2.035	2.445	2.733
34	1.307	1.691	2.032	2.441	2.728
35	1.306	1.690	2.030	2.438	2.724
40	1.303	1.684	2.021	2.423	2.704
60	1.296	1.671	2.000	2.390	2.660
120	1.289	1.658	1.980	2.358	2.617
∞	1.282	1.645	1.960	2.326	2.576

自由度 n です。

●自由度 n の t 分布の確率密度関数

全面積は 1 です。

(面積)＝α

左表から, $t_n(\alpha)$ の値を読み取ります。

横軸の座標値で赤色部分の面積が全体の 100α ％となる点。t_n の上側 100α ％点といいます。

● χ^2 分布（カイ二乗分布）

χ^2 分布はこの後で学ぶ母分散の区間推定などで用いる確率分布です。

χ^2 分布

連続型確率変数 X において，確率密度関数 $f(x)$ がパラメータ n を用いて

$$f(x) = \frac{1}{2^{\frac{n}{2}} \cdot \Gamma\left(\frac{n}{2}\right)} \cdot x^{\frac{n}{2}-1} \cdot e^{-\frac{x}{2}} \quad (x>0, \ n \geq 1)$$

と表される確率分布を，**自由度 n の χ^2 分布**といいます。

また，ガンマ関数 $\Gamma(n)$ は t 分布のところと同じものです。

さらにこのとき，

$$\begin{cases} \text{・期待値}：E(X) = n \\ \text{・分散}：V(X) = 2n \end{cases}$$

となります。

グラフ的に見ると，

・$n=1$ のとき　　　・$n=3$ のとき　　　・$n=5$ のとき

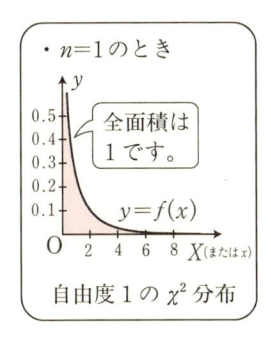

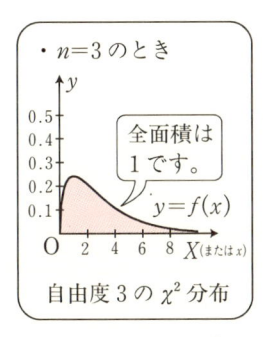

自由度 1 の χ^2 分布　　自由度 3 の χ^2 分布　　自由度 5 の χ^2 分布

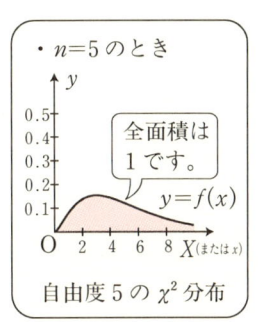

となります。これを見ればわかるとおり，χ^2 分布のグラフは自由度 n の値により，形状がかなり変わります。

χ^2 分布の性質

(i) 確率変数 $X_1, X_2, \cdots, X_n$ が独立で,標準正規分布 $N(0, 1)$ に従うとき,新たな確率変数
$$X = X_1{}^2 + X_2{}^2 + \cdots + X_n{}^2$$
の確率分布は,自由度 n の χ^2 分布となります。

(ii) 確率変数 $X_1, X_2, \cdots, X_n$ が独立で,正規分布 $N(\mu, \sigma^2)$ に従うとき,新たな確率変数
$$\frac{1}{\sigma^2} \cdot \sum_{i=1}^{n} (X_i - \bar{X})^2 \quad \left(\bar{X} = \frac{1}{n}(X_1 + X_2 + \cdots + X_n) \right)$$
の確率分布は,自由度 $n-1$ の χ^2 分布となります。

(iii) χ^2 分布の再生性

確率変数 X, Y が独立で,各々,自由度 m, n の χ^2 分布に従うとき,新たな確率変数 $X+Y$ は,自由度 $m+n$ の χ^2 分布に従います。

χ^2 分布のパーセント点表

(面積)$=\alpha$ です。

n \ α	0.995	0.990	0.975	0.950	0.500	0.050	0.025	0.010	0.005
1	0.0^439	0.0^316	0.0^398	0.004	0.455	3.84	5.02	6.63	7.88
2	0.010	0.020	0.051	0.103	1.386	5.99	7.38	9.21	10.60
3	0.072	0.115	0.216	0.352	2.366	7.81	9.35	11.34	12.84
4	0.207	0.297	0.484	0.711	3.357	9.49	11.14	13.28	14.86
5	0.412	0.554	0.831	1.145	4.351	11.07	12.83	15.08	16.75
6	0.676	0.872	1.237	1.635	5.348	12.59	14.45	16.81	18.55
7	0.989	1.239	1.690	2.17	6.346	14.07	16.01	18.48	20.3
8	1.344	1.646	2.18	2.73	7.344	15.51	17.53	20.1	22.0
9	1.736	2.09	2.70	3.33	8.343	16.92	19.02	21.7	23.6
10	2.16	2.56	3.25	3.94	9.342	18.31	20.5	23.2	25.2
11	2.60	3.05	3.82	4.57	10.34	19.68	21.9	24.7	26.7
12	3.07	3.57	4.40	5.23	11.34	21.0	23.3	26.2	28.3
13	3.57	4.11	5.01	5.89	12.34	22.4	24.7	27.7	29.8
14	4.07	4.66	5.63	6.57	13.34	23.7	26.1	29.1	31.3
15	4.60	5.23	6.26	7.26	14.34	25.0	27.5	30.6	32.8
16	5.14	5.81	6.91	7.96	15.34	26.3	28.8	32.0	34.3
17	5.70	6.41	7.56	8.67	16.34	27.6	30.2	33.4	35.7
18	6.26	7.01	8.23	9.39	17.34	28.9	31.5	34.8	37.2
19	6.84	7.63	8.91	10.12	18.34	30.1	32.9	36.2	38.6
20	7.43	8.26	9.59	10.85	19.34	31.4	34.2	37.6	40.0
21	8.03	8.90	10.28	11.59	20.34	32.7	35.5	38.9	41.4
22	8.64	9.54	10.98	12.34	21.34	33.9	36.8	40.3	42.8
23	9.26	10.20	11.69	13.09	22.34	35.2	38.1	41.6	44.2
24	9.89	10.86	12.40	13.85	23.34	36.4	39.4	43.0	45.6
25	10.52	11.52	13.12	14.61	24.34	37.7	40.6	44.3	46.9
26	11.16	12.20	13.84	15.38	25.34	38.9	41.9	45.6	48.3
27	11.81	12.88	14.57	16.15	26.34	40.1	43.2	47.0	49.6
28	12.46	13.56	15.31	16.93	27.34	41.3	44.5	48.3	51.0
29	13.12	14.26	16.05	17.71	28.34	42.6	45.7	49.6	52.3
30	13.79	14.95	16.79	18.49	29.34	43.8	47.0	50.9	53.7
40	20.7	22.2	24.4	26.5	39.34	55.8	59.3	63.7	66.8
60	35.7	37.5	40.5	43.2	59.33	79.1	83.3	88.4	92.0
120	83.9	86.9	91.6	95.7	119.3	146.6	152.2	159.0	163.6
240	187.3	192.0	199.0	205.1	239.3	277.1	284.5	293.9	300.2

注 例えば, $0.0^439 = 0.\underset{4}{000039}$

自由度 n です。

● 自由度 n の χ^2 分布の確率密度関数

全面積は1です。

(面積)$=\alpha$

$y=f(x)$

$\chi_n^2(\alpha)$

左表から, $\chi_n^2(\alpha)$の値を読み取ります。

横軸の座標値で赤色部分の面積が全体の 100α% となる点. χ_n^2 の上側 100α% 点といいます。

● F 分布

F 分布はこの後で学ぶ検定などで用いる確率分布です。

F 分布

連続型確率変数 X において,確率密度関数 $f(x)$ がパラメータ m, n を用いて

$$f(x) = \frac{\Gamma\left(\frac{m+n}{2}\right)}{\Gamma\left(\frac{m}{2}\right) \cdot \Gamma\left(\frac{n}{2}\right)} \cdot \left(\frac{m}{n}\right)^{\frac{m}{2}} \cdot \frac{x^{\frac{m}{2}-1}}{\left(1+\frac{m}{n} \cdot x\right)^{\frac{m+n}{2}}} \quad \begin{array}{l} (x>0) \\ (m \geq 1, \ n \geq 1) \end{array}$$

と表される確率分布を,**自由度 (m, n) の F 分布**といい,F_n^m と表したりします。

また,ガンマ関数 $\Gamma(n)$ は t 分布のところと同じものです。

さらにこのとき,

$$\begin{cases} \text{・期待値}: E(X) = \dfrac{n}{n-2} \quad (n \geq 3) \\ \text{・分散}: V(X) = \dfrac{2n^2(m+n-2)}{m(n-2)^2(n-4)} \quad (n \geq 5) \end{cases}$$

となります。

グラフ的に見ると,

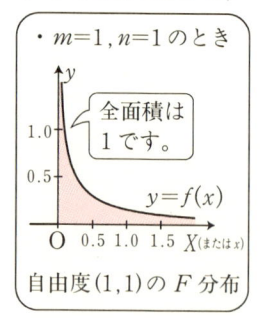

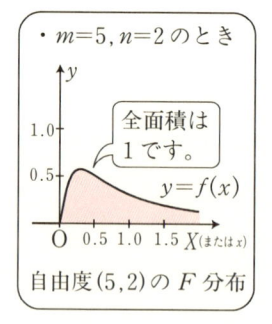

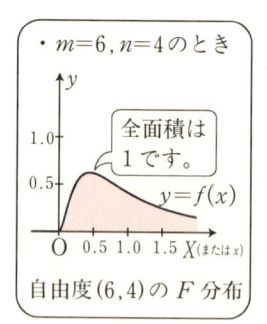

・$m=1, n=1$ のとき
自由度 $(1,1)$ の F 分布

・$m=5, n=2$ のとき
自由度 $(5,2)$ の F 分布

・$m=6, n=4$ のとき
自由度 $(6,4)$ の F 分布

(全面積は 1 です。)

となります。

F 分布の性質

(i) 確率変数 X が，自由度 m, n の F 分布 (F_n^m) に従う。

　　$\Leftrightarrow$ 確率変数 $\dfrac{1}{X}$ が，自由度 n, m の F 分布 (F_m^n) に従う。

(ii)

全面積は 1 です。
(面積) $= \alpha$
$y = f(x)$
(面積) $= 1 - \alpha$
$F_n^m(\alpha)$
X (または x)

F_n^m の上側 100α % 点といいます。

➡ このとき，

$$F_n^m(1-\alpha) = \dfrac{1}{F_m^n(\alpha)}$$

となります。

(iii) 確率変数 X, Y が独立で，各々，自由度 m, n の χ^2 分布に従うとき，新しい確率変数

$$T = \dfrac{\dfrac{X}{m}}{\dfrac{Y}{n}}$$

は，自由度 (m, n) の F 分布に従います。

F 分布の2.5パーセント点表

$\alpha = 0.025$

$n \backslash m$	1	2	3	4	5	6	7	8	9	10	15	20	24	30	40	60	120	∞
1	648.	800.	864.	900.	922.	937.	948.	957.	963.	969.	985.	993.	997.	1001.	1006.	1010.	1014.	1018.
2	38.5	39.0	39.2	39.2	39.3	39.3	39.4	39.4	39.4	39.4	39.4	39.4	39.5	39.5	39.5	39.5	39.5	39.5
3	17.4	16.0	15.4	15.1	14.9	14.7	14.5	14.5	14.5	14.4	14.3	14.2	14.1	14.1	14.0	14.0	13.9	13.9
4	12.2	10.6	9.98	9.60	9.36	9.20	9.07	8.98	8.90	8.84	8.66	8.56	8.51	8.46	8.41	8.36	8.31	8.26
5	10.0	8.43	7.76	7.39	7.15	6.98	6.85	6.76	6.68	6.62	6.43	6.33	6.28	6.23	6.18	6.12	6.07	6.02
6	8.81	7.26	6.60	6.23	5.99	5.82	5.70	5.60	5.52	5.46	5.27	5.17	5.12	5.07	5.01	4.96	4.90	4.85
7	8.07	6.54	5.89	5.52	5.29	5.12	4.99	4.90	4.82	4.76	4.57	4.47	4.42	4.36	4.31	4.25	4.20	4.14
8	7.57	6.06	5.42	5.05	4.82	4.65	4.53	4.43	4.36	4.30	4.10	4.00	3.95	3.89	3.84	3.78	3.73	3.67
9	7.21	5.71	5.08	4.72	4.48	4.32	4.20	4.10	4.03	3.96	3.77	3.67	3.61	3.56	3.51	3.45	3.39	3.33
10	6.94	5.46	4.83	4.47	4.24	4.07	3.95	3.85	3.78	3.72	3.52	3.42	3.37	3.31	3.26	3.20	3.14	3.08
11	6.72	5.26	4.63	4.28	4.04	3.88	3.76	3.66	3.59	3.53	3.33	3.23	3.17	3.12	3.06	3.00	2.94	2.88
12	6.55	5.10	4.47	4.12	3.89	3.73	3.61	3.51	3.44	3.37	3.18	3.07	3.02	2.96	2.91	2.85	2.79	2.72
13	6.41	4.97	4.35	4.00	3.77	3.60	3.48	3.39	3.31	3.25	3.05	2.95	2.89	2.84	2.78	2.72	2.66	2.60
14	6.30	4.86	4.24	3.89	3.66	3.50	3.38	3.29	3.21	3.15	2.95	2.84	2.79	2.73	2.67	2.61	2.55	2.49
15	6.20	4.77	4.15	3.80	3.58	3.41	3.29	3.20	3.12	3.06	2.86	2.76	2.70	2.64	2.59	2.52	2.46	2.40
16	6.12	4.69	4.08	3.73	3.50	3.34	3.22	3.12	3.05	2.99	2.79	2.68	2.63	2.57	2.51	2.45	2.38	2.32
17	6.04	4.62	4.01	3.66	3.44	3.28	3.16	3.06	2.98	2.92	2.72	2.62	2.56	2.50	2.44	2.38	2.32	2.25
18	5.98	4.56	3.95	3.61	3.38	3.22	3.10	3.01	2.93	2.87	2.67	2.56	2.50	2.44	2.38	2.32	2.26	2.19
19	5.92	4.51	3.90	3.56	3.33	3.17	3.05	2.96	2.88	2.82	2.62	2.51	2.45	2.39	2.33	2.27	2.20	2.13
20	5.87	4.46	3.86	3.51	3.29	3.13	3.01	2.91	2.84	2.77	2.57	2.46	2.41	2.35	2.29	2.22	2.16	2.09
21	5.83	4.42	3.82	3.48	3.25	3.09	2.97	2.87	2.80	2.73	2.53	2.42	2.37	2.31	2.25	2.18	2.11	2.04
22	5.79	4.38	3.78	3.44	3.22	3.05	2.93	2.84	2.76	2.70	2.50	2.39	2.33	2.27	2.21	2.14	2.08	2.00
23	5.75	4.35	3.75	3.41	3.18	3.02	2.90	2.81	2.73	2.67	2.47	2.36	2.30	2.24	2.18	2.11	2.04	1.97
24	5.72	4.32	3.72	3.38	3.15	2.99	2.87	2.78	2.70	2.64	2.44	2.33	2.27	2.21	2.15	2.08	2.01	1.94
25	5.69	4.29	3.69	3.35	3.13	2.97	2.85	2.75	2.68	2.61	2.41	2.30	2.24	2.18	2.12	2.05	1.98	1.91
26	5.66	4.27	3.67	3.33	3.10	2.94	2.82	2.73	2.65	2.59	2.39	2.28	2.22	2.16	2.09	2.03	1.95	1.88
27	5.63	4.24	3.65	3.31	3.08	2.92	2.80	2.71	2.63	2.57	2.36	2.25	2.20	2.13	2.07	2.00	1.93	1.85
28	5.61	4.22	3.63	3.29	3.06	2.90	2.78	2.69	2.61	2.55	2.34	2.23	2.17	2.11	2.05	1.98	1.91	1.83
29	5.59	4.20	3.61	3.27	3.04	2.88	2.76	2.67	2.59	2.53	2.32	2.21	2.15	2.09	2.03	1.96	1.89	1.81
30	5.57	4.18	3.59	3.25	3.03	2.87	2.75	2.65	2.57	2.51	2.31	2.20	2.14	2.07	2.01	1.94	1.87	1.79
40	5.42	4.05	3.46	3.13	2.90	2.74	2.62	2.53	2.45	2.39	2.18	2.07	2.01	1.94	1.88	1.80	1.72	1.64
60	5.29	3.93	3.34	3.01	2.79	2.63	2.51	2.41	2.33	2.27	2.06	1.94	1.88	1.82	1.74	1.67	1.58	1.48
120	5.15	3.80	3.23	2.89	2.67	2.52	2.39	2.30	2.22	2.16	1.94	1.82	1.76	1.69	1.61	1.53	1.43	1.31
∞	5.02	3.69	3.12	2.79	2.57	2.41	2.29	2.19	2.11	2.05	1.83	1.71	1.64	1.57	1.48	1.39	1.27	1.00

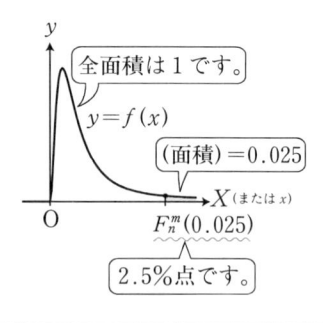

全面積は1です。

$y = f(x)$

(面積) $= 0.025$

$F_n^m(0.025)$

2.5%点です。

F 分布の5パーセント点表

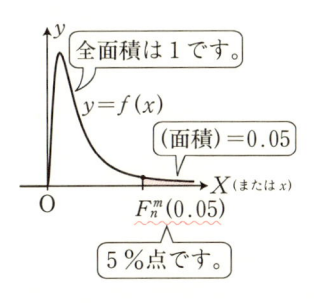

$\alpha = 0.05$

n \ m	1	2	3	4	5	6	7	8	9	10	15	20	24	30	40	60	120	∞
1	161.	200.	216.	225.	230.	234.	237.	239.	241.	242.	246.	248.	249.	250.	251.	252.	253.	254.
2	18.5	19.0	19.2	19.2	19.3	19.3	19.4	19.4	19.4	19.4	19.4	19.4	19.5	19.5	19.5	19.5	19.5	19.5
3	10.1	9.55	9.28	9.12	9.01	8.94	8.89	8.85	8.81	8.79	8.70	8.66	8.64	8.62	8.59	8.57	8.55	8.53
4	7.71	6.94	6.59	6.39	6.26	6.16	6.09	6.04	6.00	5.96	5.86	5.80	5.77	5.75	5.72	5.69	5.66	5.63
5	6.61	5.79	5.41	5.19	5.05	4.95	4.88	4.82	4.77	4.74	4.62	4.56	4.53	4.50	4.46	4.43	4.40	4.36
6	5.99	5.14	4.76	4.53	4.39	4.28	4.21	4.15	4.10	4.06	3.94	3.87	3.84	3.81	3.77	3.74	3.70	3.67
7	5.59	4.74	4.35	4.12	3.97	3.87	3.79	3.73	3.68	3.64	3.51	3.44	3.41	3.38	3.34	3.30	3.27	3.23
8	5.32	4.46	4.07	3.84	3.69	3.58	3.50	3.44	3.39	3.35	3.22	3.15	3.12	3.08	3.04	3.01	2.97	2.93
9	5.12	4.26	3.86	3.63	3.48	3.37	3.29	3.23	3.18	3.14	3.01	2.94	2.90	2.86	2.83	2.79	2.75	2.71
10	4.96	4.10	3.71	3.48	3.33	3.22	3.14	3.07	3.02	2.98	2.85	2.77	2.74	2.70	2.66	2.62	2.58	2.54
11	4.84	3.98	3.59	3.36	3.20	3.09	3.01	2.95	2.90	2.85	2.72	2.65	2.61	2.57	2.53	2.49	2.45	2.40
12	4.75	3.89	3.49	3.26	3.11	3.00	2.91	2.85	2.80	2.75	2.62	2.54	2.51	2.47	2.43	2.38	2.34	2.30
13	4.67	3.81	3.41	3.18	3.03	2.92	2.83	2.77	2.71	2.67	2.53	2.46	2.42	2.38	2.34	2.30	2.25	2.21
14	4.60	3.74	3.34	3.11	2.96	2.85	2.76	2.70	2.65	2.60	2.46	2.39	2.35	2.31	2.27	2.22	2.18	2.13
15	4.54	3.68	3.29	3.06	2.90	2.79	2.71	2.64	2.59	2.54	2.40	2.33	2.29	2.25	2.20	2.16	2.11	2.07
16	4.49	3.63	3.24	3.01	2.85	2.74	2.66	2.59	2.54	2.49	2.35	2.28	2.24	2.19	2.15	2.11	2.06	2.01
17	4.45	3.59	3.20	2.96	2.81	2.70	2.61	2.55	2.49	2.45	2.31	2.23	2.19	2.15	2.10	2.06	2.01	1.96
18	4.41	3.55	3.16	2.93	2.77	2.66	2.58	2.51	2.46	2.41	2.27	2.19	2.15	2.11	2.06	2.02	1.97	1.92
19	4.38	3.52	3.13	2.90	2.74	2.63	2.54	2.48	2.42	2.38	2.23	2.16	2.11	2.07	2.03	1.98	1.93	1.88
20	4.35	3.49	3.10	2.87	2.71	2.60	2.51	2.45	2.39	2.35	2.20	2.12	2.08	2.04	1.99	1.95	1.90	1.84
21	4.32	3.47	3.07	2.84	2.68	2.57	2.49	2.42	2.37	2.32	2.18	2.10	2.05	2.01	1.96	1.92	1.87	1.81
22	4.30	3.44	3.05	2.82	2.66	2.55	2.46	2.40	2.34	2.30	2.15	2.07	2.03	1.98	1.94	1.89	1.84	1.78
23	4.28	3.42	3.03	2.80	2.64	2.53	2.44	2.37	2.32	2.27	2.13	2.05	2.00	1.96	1.91	1.86	1.81	1.76
24	4.26	3.40	3.01	2.78	2.62	2.51	2.42	2.36	2.30	2.25	2.11	2.03	1.98	1.94	1.89	1.84	1.79	1.73
25	4.24	3.39	2.99	2.76	2.60	2.49	2.40	2.34	2.28	2.24	2.09	2.01	1.96	1.92	1.87	1.82	1.77	1.71
26	4.23	3.37	2.98	2.74	2.59	2.47	2.39	2.32	2.27	2.22	2.07	1.99	1.95	1.90	1.85	1.80	1.75	1.69
27	4.21	3.35	2.96	2.73	2.57	2.46	2.37	2.31	2.25	2.20	2.06	1.97	1.93	1.88	1.84	1.79	1.73	1.67
28	4.20	3.34	2.95	2.71	2.56	2.45	2.36	2.29	2.24	2.19	2.04	1.96	1.91	1.87	1.82	1.77	1.71	1.65
29	4.18	3.33	2.93	2.70	2.55	2.43	2.35	2.28	2.22	2.18	2.03	1.94	1.90	1.85	1.81	1.75	1.70	1.64
30	4.17	3.32	2.92	2.69	2.53	2.42	2.33	2.27	2.21	2.16	2.01	1.93	1.89	1.84	1.79	1.74	1.68	1.62
40	4.08	3.23	2.84	2.61	2.45	2.34	2.25	2.18	2.12	2.08	1.92	1.84	1.79	1.74	1.69	1.64	1.58	1.51
60	4.00	3.15	2.76	2.53	2.37	2.25	2.17	2.10	2.04	1.99	1.84	1.75	1.70	1.65	1.59	1.53	1.47	1.39
120	3.92	3.07	2.68	2.45	2.29	2.18	2.09	2.02	1.96	1.91	1.75	1.66	1.61	1.55	1.50	1.43	1.35	1.25
∞	3.84	3.00	2.60	2.37	2.21	2.10	2.01	1.94	1.88	1.83	1.67	1.57	1.52	1.46	1.39	1.32	1.22	1.00

全面積は1です。

$y = f(x)$

(面積) = 0.05

X (または x)

$F_n^m(0.05)$

5％点です。

LECTURE 13 統計的推定 1

● 統計的推定

　最初に皆さんご存知の「テレビの視聴率」について考えてみましょう。

　よく「バラエティー番組の視聴率20％突破」とか，「新番組のドラマが低視聴率で低迷」などといいますが，この視聴率とは，テレビをもっている世帯のうち，何世帯がその番組を見ているかをパーセンテージで表したものです。

　しかし，日本全国のすべての世帯を対象として調査することは現実的には不可能であり，効率が悪過ぎますから，現状では別の方法を用いて調べています。

　具体的にいえば，日本全国から何世帯かを代表として選び出して，彼らがどの番組を見ているのか，その割合をパーセンテージで表したものを「視聴率」として採用しています。

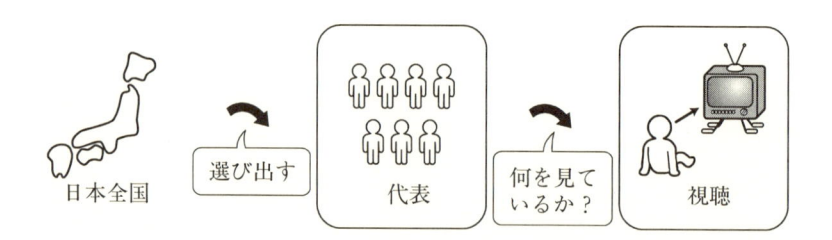

日本全国 → 選び出す → 代表 → 何を見ているか？ → 視聴

　ここで注意しなければならないのは，調べるのはあくまでも日本全国の代表がどんな番組を見ているかであり，決して日本全国の世帯すべてが何を見ているかを調べるのではナイということです。

　しかし，それにも拘わらず，この代表の世帯の視聴の結果を，日本全国の世帯の視聴の結果とみなしているわけです。

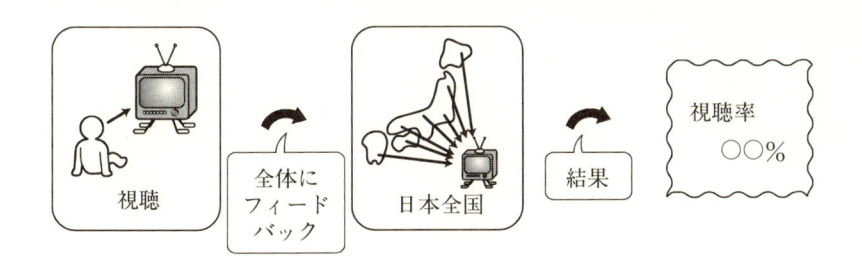

モチロン，この結果が日本全国の世帯の視聴結果を正確に表しているとは限りませんが，この方法が最も現実的なのではないでしょうか。

統計学では，この視聴率のように，全体(母集団)からいくらかのサンプル(標本)を取り出して，そのサンプルを調べて特徴・特性を見つけ(標本調査)，その特性となる値を全体(母集団)を特徴づける値(母数)と考えるのです。これらのことを，定義を加えながら，さらに詳しく説明していきます。

①母集団から標本を抽出

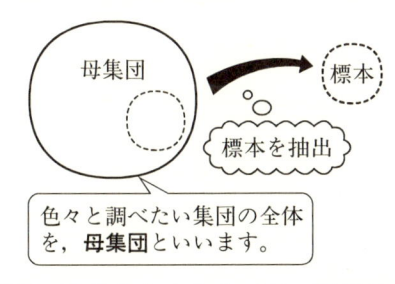

　母集団から標本を抽出するときに注意することは，「母集団が，有限個の要素からできているときと，無限個の要素からできているときの2通りの可能性がある」ということです。

　要素の取り出し方としては，復元抽出(一度取り出した要素を，再び母集団に戻して，また抽出する)と非復元抽出(一度取り出した要素を，二度と母集団に戻さないで抽出していく)の2通りがあり，母集団が有限か無限かにより結果が異なる可能性が出てきます。

　例えば，母集団が無限ならば，一度取り出した要素を戻そうと(復元抽出)，戻すまいと(非復元抽出)，要素が無限個あるだけに何ら影響は出ず，結果的にはほとんど同じとみなせるでしょう。

　これに対して母集団が有限ならば，復元・非復元抽出の違いは差を生

じさせる可能性があります。なぜならば，母集団の要素の個数が少なければ，取り出された要素1個の存在価値が大きくなり，それが戻される・戻されないということは大きな意味・影響をもつことになるからです。

ただし，母集団が有限でも，要素の個数がある程度以上多ければ，近似的に復元・非復元抽出の結果は等しいとみなせます。

👉この本では「母集団の要素の個数がある程度以上多い場合」のみを考えます。そうすれば抽出法の違いによる影響を考慮しないですみ，さらに，各要素に確率を付随させることにより，「**母集団の確率分布**」「**要素→確率変数**」と 確率・統計の世界 を登場させることができるのです。

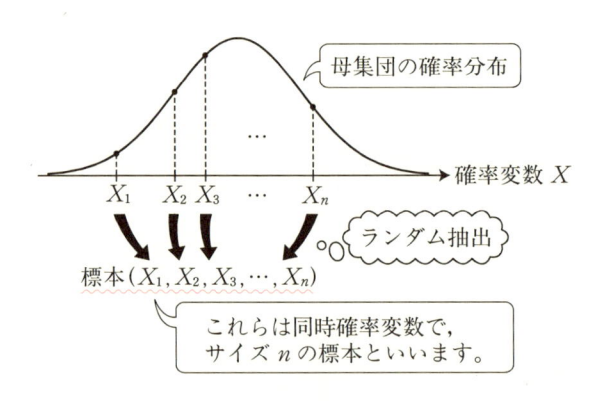

さて，「母集団の確率分布から n 個の標本を取り出す」ことを 視覚化 してみましょう。

<!-- 母集団の確率分布の図：正規分布曲線上に $X_1, X_2, X_3, \cdots, X_n$ がプロットされ，ランダム抽出により標本 $(X_1, X_2, X_3, \cdots, X_n)$ が得られる。これらは同時確率変数で，サイズ n の標本といいます。 -->

ここで「母集団の要素の個数がある程度以上多い」ことから，標本を n 個取り出したところで，n 個の標本はお互いに何の影響も及ぼさないと考えられます。よって，これらの現象は次のように解釈し直すこともできます。

つまり，「1つの母集団の確率分布から n 個の標本を取り出す」ということは，「n 個の同一の母集団の確率分布から，それぞれ1個ずつ標本を取り出してサイズ n の標本をつくる」ことと同じと考えることができます。

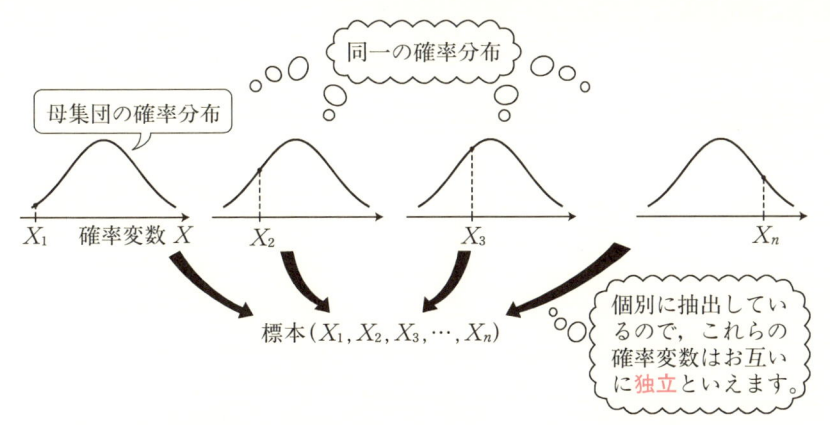

```
   母集団の確率分布      同一の確率分布
```

（図：母集団の確率分布から確率変数 $X_1, X_2, X_3, \cdots, X_n$ が抽出され、標本 $(X_1, X_2, X_3, \cdots, X_n)$ となる。個別に抽出しているので、これらの確率変数はお互いに**独立**といえます。）

このように表現して明確になったのは，

> 母集団から抽出された，サイズ n の標本 $(X_1, X_2, X_3, \cdots, X_n)$ の1個1個の変数は，お互いに独立な確率変数とみなせる
> （お互いに何の影響も及ぼさないということ。）

ということです。また，標本 $(X_1, X_2, X_3, \cdots, X_n)$ の具体例，例えば $(1, 3, 2, \cdots, 5)$ という具体的な値を**実現値**といいます。

② 標本の特徴・特性を見つける（標本調査）

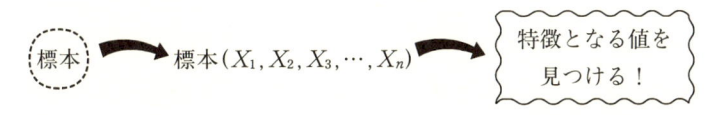

（図：標本 → 標本 $(X_1, X_2, X_3, \cdots, X_n)$ → 特徴となる値を見つける！）

特徴となる値を統計学的に見ると，次の標本平均，標本分散，不偏分散などが挙げられます。

講義13●統計的推定1

標本平均

同一の確率分布から取り出された，お互いに独立な確率変数における，サイズ n の標本 $(X_1, X_2, X_3, \cdots, X_n)$ に対して，

$$\bar{X} = \frac{1}{n}(X_1 + X_2 + X_3 + \cdots + X_n) = \frac{1}{n}\sum_{k=1}^{n} X_k$$

を**標本平均**といいます。

標本分散

同一の確率分布から取り出された，お互いに独立な確率変数における，サイズ n の標本 $(X_1, X_2, X_3, \cdots, X_n)$ に対して，

$$S^2 = \frac{1}{n}\{(X_1 - \bar{X})^2 + (X_2 - \bar{X})^2 + \cdots + (X_n - \bar{X})^2\}$$

$$= \frac{1}{n}\sum_{k=1}^{n}(X_k - \bar{X})^2$$

を**標本分散**といいます。

不偏分散

同一の確率分布から取り出された，お互いに独立な確率変数における，サイズ n の標本 $(X_1, X_2, X_3, \cdots, X_n)$ に対して，

$$U^2 = \frac{1}{n-1}\{(X_1 - \bar{X})^2 + (X_2 - \bar{X})^2 + \cdots + (X_n - \bar{X})^2\}$$

$$= \frac{1}{n-1}\sum_{k=1}^{n}(X_k - \bar{X})^2$$

を**不偏分散**といいます。

また，不偏分散 U^2 と標本分散 S^2 の間には，

$$U^2 = \frac{n}{n-1} \cdot S^2$$

が成り立ちます。不偏分散は後で学ぶ区間推定で活躍します。

③標本で得られた特性を，母集団にフィードバック

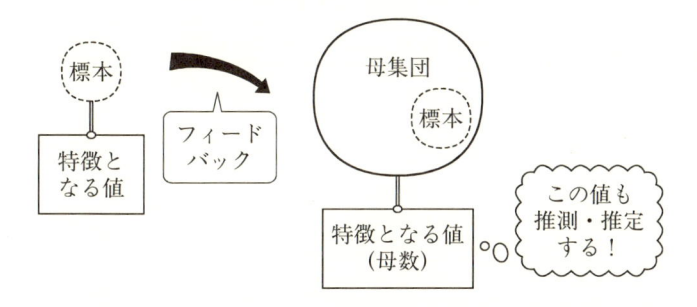

```
 標本
┌──────┐    ┌─────┐      ┌─────────┐
│特徴と │    │フィー│  →  │  母集団  │
│なる値 │    │ドバッ│      │   標本   │
└──────┘    │ ク  │      │特徴となる値│
            └─────┘      │  (母数)   │
                          └─────────┘
                                   この値も
                                   推測・推定
                                   する！
```

　最後に，**標本で調べた特徴となる値**(例：標本平均，標本分散，不偏分散など)が，**本来調べたかった母集団の特徴となる値**(母数)に一致するかしないか(点推定)チェックしたり，標本で調べた値をもとにして，**母集団の特徴となる値**(母数)が大体これくらいの範囲だと推測(区間推定)することになります。

母　数

母数とは母集団の特徴となる値のことで，具体的には，

- **母平均**…母集団の平均・期待値 μ
- **母分散**…母集団の分散 σ^2
- **母比率**…母集団の比率 p

などが挙げられます。

(➡母比率というのは，「母集団に属するモノが，ある性質をもつ・もたないで分類したときの割合」のことです。)

　また，今出てきた標本平均の分布に着目すると，次の性質が成り立ちます。

標本平均の分布 1

母平均 μ,母分散 σ^2 の母集団から取り出した,サイズ n の標本 $(X_1, X_2, \cdots, X_n)$ における平均,すなわち,標本平均 $\bar{X} = \dfrac{1}{n}(X_1 + X_2 + \cdots + X_n)$ に対して,

$$\begin{cases} E(\bar{X}) = \mu \\ V(\bar{X}) = \dfrac{\sigma^2}{n} \end{cases}$$

が成り立ちます。

$$\begin{pmatrix} \because \ E(\bar{X}) = E\left[\dfrac{1}{n}(X_1 + X_2 + \cdots + X_n)\right] \\ = \dfrac{1}{n}\underbrace{E(X_1)}_{\mu} + \dfrac{1}{n}\underbrace{E(X_2)}_{\mu} + \cdots + \dfrac{1}{n}\underbrace{E(X_n)}_{\mu} = n \times \dfrac{\mu}{n} = \mu \\ V(\bar{X}) = V\left[\dfrac{1}{n}(X_1 + X_2 + \cdots + X_n)\right] \\ = \dfrac{1}{n^2}\underbrace{V(X_1)}_{\sigma^2} + \dfrac{1}{n^2}\underbrace{V(X_2)}_{\sigma^2} + \cdots + \dfrac{1}{n^2}\underbrace{V(X_n)}_{\sigma^2} = n \times \dfrac{\sigma^2}{n^2} = \dfrac{\sigma^2}{n} \end{pmatrix}$$

標本平均の分布 2

母集団が正規分布 $N(\mu, \sigma^2)$ に従うとき,標本 $(X_1, X_2, \cdots, X_n)$ の各々はお互いに独立で正規分布 $N(\mu, \sigma^2)$ に従い,また正規分布の再生性(講義 11,141 ページ)や上で求めた $E(\bar{X}) = \mu$,$V(\bar{X}) = \dfrac{\sigma^2}{n}$ から,

標本平均 $\bar{X}$ は,正規分布 $N\left(\mu, \dfrac{\sigma^2}{n}\right)$ に従う。

$\bar{X} = \dfrac{1}{n}(X_1 + X_2 + \cdots + X_n)$ です。

分散の値が母分散と異なることに注意して下さい。サイズ n なので,分散の値は変わります。

よって，新たな確率変数
$$T = \frac{\bar{X} - \mu}{\frac{\sigma}{\sqrt{n}}}$$

> 正規分布 $N(\mu, \sigma^2)$ に従う確率変数 X に対して，
> $$Z = \frac{X - \mu}{\sigma}$$
> となる確率変数 Z は標準正規分布 $N(0,1)$ に従うのでしたね(講義11)。

は，標準正規分布 $N(0,1)$ に従うことになります。

さらに，母集団が正規分布に従わない任意の分布となっているときでも，次の定理が成り立つことが知られています。

中心極限定理

平均 μ，分散 σ^2 である任意の母集団において，**取り出した標本のサイズ n が十分に大きければ**，

標本平均 $\bar{X}$ は，近似的に正規分布 $N\left(\mu, \dfrac{\sigma^2}{n}\right)$ **に従う。**

> $\bar{X} = \dfrac{1}{n}(X_1 + X_2 + \cdots + X_n)$
> です。

よって，新たな確率変数
$$T = \frac{\bar{X} - \mu}{\frac{\sigma}{\sqrt{n}}}$$

は，**近似的に**標準正規分布 $N(0,1)$ に従うことになります。

講義 LECTURE 14 統計的推定 2
——点推定——

●点推定

前回の講義で,

> 標本で調べた特徴となる値 　or　
> 　　　→ 母集団の特徴となる値(母数)と一致する
> 　　　→ 母集団の特徴となる値(母数)と一致しない

と判断することを **点推定** と書きましたが,正確に定義すると次のようになります。

点 推 定

母集団の特徴となる値,母数 θ を調べるために,母集団から標本 $(X_1, X_2, X_3, \cdots, X_n)$ を取り出して,その標本を変数とする **関数** $T(X_1, X_2, X_3, \cdots, X_n)$ を考えます。この関数に,標本の具体的な値の

> 要するに,n 個のお互いに独立な変数によりつくられる関数のことで,ここでは特に **統計量(推定量)** といいます。

> 例えば,$(4, 2, 3, \cdots, 7)$ など。

1つ $(x_1, x_2, x_3, \cdots, x_n)$ を代入した値を,

> この値を,**実現値** といいます。確率変数は大文字(例:$\bar{X}, U$)を用いますが,その実現値は対応する小文字(例:$\bar{x}, u$)で表します。

$$\hat{\theta} = T(x_1, x_2, x_3, \cdots, x_n)$$

> シータハット
> と読みます。

> これを母数 θ の**推定値**といいます。変数ではなく具体的な値を代入するので，推定値は関数ではなく一定値となります。

と表し，この $\hat{\theta}$ をもって，「$\theta = \hat{\theta}$」ではないかと**推定**することになります。

これより，この $\hat{\theta}$ を**母数 θ の推定値**といい，また，「この $\hat{\theta}$ の値 1 つで母数 θ を推定する」ので，**点推定**と呼ぶわけです。

しかし，モチロン統計量である関数 $T(X_1, X_2, X_3, \cdots, X_n)$ をうまく選ばないと，「$\theta = \hat{\theta}$」と推定することはできません。デタラメな統計量を用いて推定しても，あまり意味はありません。

そこで，さまざまな統計量 $T(X_1, X_2, X_3, \cdots, X_n)$ の中から，「$\theta = \hat{\theta}$」と推定できるようなよい統計量を考えることになります。このような統計量の 1 つとして，不偏推定量が挙げられます。

不偏推定量

標本 $(X_1, X_2, X_3, \cdots, X_n)$ に対して，統計量 $T(X_1, X_2, X_3, \cdots, X_n)$ とするとき，

$$E[T(X_1, X_2, X_3, \cdots, X_n)] = \theta$$

> 平均・期待値

> 母数

が成り立つならば，この "$T(X_1, X_2, X_3, \cdots, X_n)$" を θ の**不偏推定量**といいます。

これは，「**推定値全体の平均が母数 θ に一致する**」ことを意味します。つまり，不偏推定量の推定値は，$\hat{\theta}$ の周りに偏りなく分布しているのです。よって，**点推定を何回も繰り返してその平均をとれば，θ に近づいていく**ことになります。

この不偏推定量としては，前講で定義した**標本平均**や**不偏分散**が挙げられます。

不偏推定量の例

母平均 μ, 母分散 σ^2 である母集団から取り出した, サイズ n の標本 $(X_1, X_2, X_3, \cdots, X_n)$ において,

$$\begin{cases} 標本平均: \bar{X} = \dfrac{1}{n}(X_1+X_2+X_3+\cdots+X_n) = \dfrac{1}{n}\sum_{k=1}^{n}X_k \\ 不偏分散: U^2 = \dfrac{1}{n-1}\{(X_1-\bar{X})^2+(X_2-\bar{X})^2+\cdots+(X_n-\bar{X})^2\} \\ \qquad\qquad\quad = \dfrac{1}{n-1}\sum_{k=1}^{n}(X_k-\bar{X})^2 \end{cases}$$

でした。これらの値に対して,

$$E(\bar{X}) = E\left(\frac{1}{n}X_1+\frac{1}{n}X_2+\cdots+\frac{1}{n}X_n\right)$$

$$= \frac{1}{n}\underbrace{E(X_1)}_{\mu}+\frac{1}{n}\underbrace{E(X_2)}_{\mu}+\cdots+\frac{1}{n}\underbrace{E(X_n)}_{\mu}$$

$$= n\times\frac{\mu}{n} = \mu$$

$$E(U^2) = E\left[\frac{1}{n-1}\{(X_1-\bar{X})^2+(X_2-\bar{X})^2+\cdots+(X_n-\bar{X})^2\}\right]$$

$$= E\left[\frac{n}{n-1}\times\underbrace{\frac{1}{n}\{(X_1-\bar{X})^2+(X_2-\bar{X})^2+\cdots+(X_n-\bar{X})^2\}}\right]$$

これは分散の 定義式 であり, "計算式 $\dfrac{1}{n}\sum_{k=1}^{n}X_k^2 - \bar{X}^2$" に置き換えられます。

$$= \frac{n}{n-1}\times E\left(\frac{1}{n}\sum_{k=1}^{n}X_k^2 - \bar{X}^2\right)$$

$$= \frac{n}{n-1}\times\left\{\underbrace{E\left(\frac{1}{n}\sum_{k=1}^{n}X_k^2\right)}_{\frac{1}{n}\cdot E\left(\sum_{k=1}^{n}X_k^2\right)} - E(\bar{X}^2)\right\}$$

性質
$E(aX \pm b) = E(aX) \pm E(b)$
$\qquad (= aE(X) \pm b)$
を利用。

$$= \frac{n}{n-1} \times \left\{ \frac{1}{n}\sum_{k=1}^{n} E(X_k{}^2) - E(\overline{X}^2) \right\}$$

$$= \frac{n}{n-1} \times \left[\frac{1}{n}\sum_{k=1}^{n} \{\underbrace{V(X_k)}_{\sigma^2} + (\underbrace{E(X_k)}_{\mu})^2\} \right.$$

$$\left. -\{\underbrace{V(\overline{X})}_{\frac{\sigma^2}{n}} + (\underbrace{E(\overline{X})}_{\mu})^2\} \right]$$

> 波線に次の式を用いる。
> **性質** $V(X)$
> $\quad = E(X^2) - \{E(X)\}^2$
> $\therefore E(X^2)$
> $\quad = V(X) + \{E(X)\}^2$

$$= \frac{n}{n-1} \times \left\{ \underbrace{\frac{1}{n}\sum_{k=1}^{n}(\sigma^2+\mu^2)}_{\frac{1}{n}(\sigma^2+\mu^2)\cdot\underbrace{\sum_{k=1}^{n}1}_{n}} - \left(\frac{\sigma^2}{n}+\mu^2\right) \right\}$$

$$= \frac{n}{n-1}\left\{\frac{1}{n}(\sigma^2+\mu^2)n - \left(\frac{\sigma^2}{n}+\mu^2\right)\right\}$$

$$= \frac{n}{n-1} \cdot \frac{n-1}{n}\sigma^2 = \sigma^2$$

$$\therefore\;\; E(\overline{X}) = \mu,\;\; E(U^2) = \sigma^2$$

となり，確かに 標本平均 $\overline{X}$ や不偏分散 U^2 は不偏推定量となっています。

つまり，「$\overline{X} = \mu$，$U^2 = \sigma^2$ ではないか」と推定できることになります。しかし，これらのことを含めて点推定では，一般的に求めた推定値がどれくらい信頼できるのかわからない（つまり，母数の値と一致しているかどうかわからない）という欠点があります。また，確かに標本平均や不偏分散という不偏推定量はよい推定値を提供しそうですが，実際にすべての標本パターンを取り出し，各々の標本平均や不偏分散を計算して求め尽くすことでそれらの平均・期待値を求めるのは容易ではありません。

そこで，母数 θ が大体どの範囲にどの程度の確率で存在しているかを考える区間推定の方がより実用的となります。次回の講義では，この区間推定について学びましょう。

演習問題 14-1

ある映画の試写会を行い，1000人の招待客を招いた。映画が終わった後，招待客に今見た映画の満足度を100点満点で採点してもらった。その中から無作為に10枚取り出すと，

　　77　48　63　55　39　82　61　75　90　50　（単位：点）

だった。1000枚の点数の集まりを母集団とみなし，母平均 μ，母分散 σ^2 の推定値を不偏推定量を用いて小数第2位まで求めよ。

解答&解説

母集団から取り出した標本は，サイズ10の標本 $(77, 48, 63, 55, 39, 82, 61, 75, 90, 50)$ であり，このとき，

$$\begin{cases} 標本平均：\bar{x} = \dfrac{1}{10}(77+48+63+55+39+82+61+75+90+50) \\ \qquad\qquad = 64.00 \\ 不偏分散：u^2 = \dfrac{1}{10-1}\{(77-64)^2 + (48-64)^2 + (63-64)^2 + (55-64)^2 \\ \qquad\qquad\qquad\qquad + (39-64)^2 + (82-64)^2 + (61-64)^2 \\ \qquad\qquad\qquad\qquad + (75-64)^2 + (90-64)^2 + (50-64)^2\} \\ \qquad\qquad = \dfrac{1}{9}(13^2 + 16^2 + 1^2 + 9^2 + 25^2 + 18^2 + 3^2 + 11^2 + 26^2 + 14^2) \\ \qquad\qquad \fallingdotseq 273.11 \end{cases}$$

ここで，$E(\bar{X}) = \mu$，$E(U^2) = \sigma^2$ が成り立つので，$\bar{X}$，U^2 はそれぞれ母平均 μ，母分散 σ^2 の不偏推定量となっている。ここで実現値を代入すると，それぞれ

$$E(\bar{x}) = 64.00, \quad E(u^2) \fallingdotseq 273.11$$

なので，

$$\begin{cases} 母平均 \mu の推定値は，\bar{x} = 64.00 & \cdots\cdots（答） \\ 母分散 \sigma^2 の推定値は，u^2 \fallingdotseq 273.11 & \cdots\cdots（答） \end{cases}$$

である。

講義 LECTURE 15 統計的推定 3
——区間推定——

●区間推定

　点推定は，母集団の特徴となる値，母数が直接求められる反面，あまり実用的ではないという欠点がありました。このままでは，母数をうまく把えられないことになってしまいます。

　そこで，「母数を直接求める」のではなく，「母数の取り得る値の範囲を予測・推測する」ことに 視点 を切り換えてみましょう。

　このように推測することを区間推定といい，次のように 約束・定義 します。

区間推定

調べたい未知の母数 θ において，

確率： $P(a \leq \theta \leq b) = 1-\alpha$

> 母数 θ が a と b の間の値となる確率が $1-\alpha$ であるということを意味しています。

> この区間のどこかに母数 θ がある確率が $1-\alpha$ ということ！

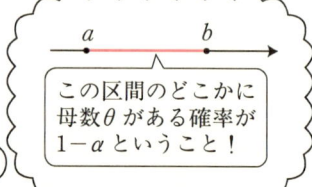

が成り立つとき，"$1-\alpha$"を「信頼係数」といい，"$a \leq \theta \leq b$"を「信頼係数 $(1-\alpha)$ の信頼区間 or $100(1-\alpha)$%信頼区間」といいます。

　また一般的には，$\alpha=0.05$（➡ このときの信頼区間を「95%信頼区

> このとき，$P(a \leq \theta \leq b) = 0.95$ となり，「母数 θ が a と b の間の値となる確率が95%」ということになります。

間」といいます）や $\alpha=0.01$（➡「99%信頼区間」）を用います。

> このとき，$P(a \leq \theta \leq b) = 0.99$ となり，「母数 θ が a と b の間の値となる確率が99%」ということになります。

さらに，区間 $a \leq \theta \leq b$ において，a を**下側信頼限界**，b を**上側信頼限界**といい，両方をあわせて**信頼限界**といいます。
　そして，

> 母数 θ を，母集団から取り出した標本を用いて，「大よそどれくらいの値になるのか？」を推定する，すなわち，「$100(1-\alpha)$%信頼区間 $a \leq \theta \leq b$ を求める」ことを**区間推定**というわけです。

（母集団の特徴となる値です。）

　ここで注意してほしいのは，この場において母数 θ は確率変数として扱っていることです。つまり，もう一度 定義式 の読み直しをすると，「確率 $P(a \leq \theta \leq b) = 1-\alpha$ は，確率変数 θ が a と b の間の値をとる確率が $(1-\alpha) \times 100$%」と捉え直せます。

（この中に書かれている 情報 は，求めたい確率変数の条件です。）

（モチロン，θ はもともと母数を表していますが，ここでは確率変数としても扱われるということです。）

　よって，確率変数 θ の $100(1-\alpha)$%信頼区間：$a \leq \theta \leq b$ を求めるために，先に学んできた 確率の知識 や確率分布表が役立ちます。

　それでは，ここからは先人が調べ上げた 知識 を用いて，

　　標本を利用　➡　母数 θ の信頼区間を求める

（実際は確率変数 θ として扱います。）

という作業をすることにしましょう。

●母平均 μ の区間推定

目的：母平均 μ を知りたい…母平均 μ の区間推定を行う
① 条件：母分散 σ^2 の値がわかっているとき：
 (i) 追加条件：母集団が，平均 μ，分散 σ^2 の正規分布 $N(\mu, \sigma^2)$ に従う

　　　　　　　　　　　　　　　値は不明　値は判明

このとき，ここからサイズ n の標本を取り出して，その平均

　　　　　　　　　　標本 $(X_1, X_2, \cdots, X_n)$

標本平均：$\overline{X} = \dfrac{1}{n}(X_1 + X_2 + \cdots + X_n)$

> 標本平均 $\overline{X}$ の平均は μ，分散は $\dfrac{\sigma^2}{n}$ で，さらに，標本を取り出した母集団が正規分布に従うとき，$\overline{X}$ は $N\left(\mu, \dfrac{\sigma^2}{n}\right)$ に従います。

を用意して，新しい確率変数

$$T = \dfrac{\overline{X} - \mu}{\dfrac{\sigma}{\sqrt{n}}}$$

を設定すると，この確率変数 T は，標準正規分布 $N(0, 1)$ に従います（講義 13，163 ページ）。

ここでまずは，この確率変数 T において

$$P(a' \leqq T \leqq b') = 0.95$$

> $\alpha = 0.05$ としたときの値です。

を満たす区間 $a' \leqq T \leqq b'$（すなわち，確率変数 T の 95％信頼区間です）を求めることにします。

そこで役に立つのが，「確率変数 T は標準正規分布 $N(0, 1)$ に従う」というところです。このおかげで，標準正規分布表を用いて，区間 $a' \leqq T \leqq b'$ を求めることができるわけですね。

さて，正規分布の平均に関する対称性を考慮すると，

スタート $P(a' \leqq T \leqq b') = 0.95$

● 標準正規分布の確率密度関数のグラフ

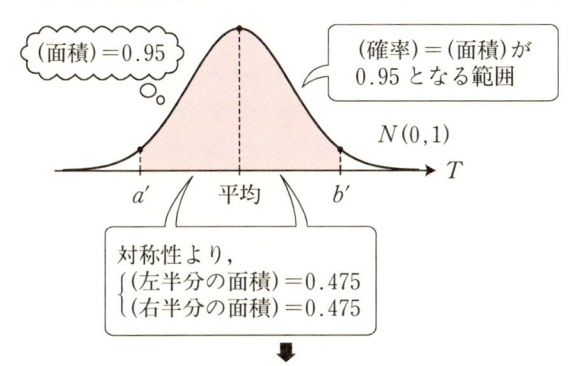

(面積) = 0.95

(確率) = (面積)が 0.95 となる範囲

$N(0,1)$

a'　平均　b'　T

対称性より，
$\begin{cases} (左半分の面積) = 0.475 \\ (右半分の面積) = 0.475 \end{cases}$

標準正規分布表

z	0.00	0.01	0.02	0.03	0.04	0.05	0.06	0.07	0.08	0.09
0.0	0.0000	0.0040	0.0080	0.0120	0.0160	0.0199	0.0239	0.0279	0.0319	0.0359
0.1	.0398	.0438	.0478	.0517	.0557	.0596	.0636	.0675	.0714	.0754
0.2	.0793	.0832	.0871	.0910	.0948	.0987	.1026	.1064	.1103	.1141
0.3	.1179	.1217	.1255	.1293	.1331	.1368	.1406	.1443	.1480	.1517
0.4	.1554	.1591	.1628	.1664	.1700	.1736	.1772	.1808	.1844	.1879
0.5	.1915	.1950	.1985	.2019	.2054	.2088	.2123	.2157	.2190	.2224
0.6	.2258	.2291	.2324	.2357	.2389	.2422	.2454	.2486	.2518	.2549
0.7	.2580	.2612	.2642	.2673	.2704	.2734	.2764	.2794	.2823	.2852
0.8	.2881	.2910	.2939	.2967	.2996	.3023	.3051	.3078	.3106	.3133
0.9	.3159	.3186	.3212	.3238	.3264	.3289	.3315	.3340	.3365	.3389
1.0	.3413	.3438	.3461	.3485	.3508	.3531	.3554	.3577	.3599	.3621
1.1	.3643	.3665	.3686	.3708	.3729	.3749	.3770	.3790	.3810	.3830
1.2	.3849	.3869	.3888	.3907	.3925	.3944	.3962	.3980	.3997	.4015
1.3	.4032	.4049	.4066	.4082	.4099	.4115	.4131	.4147	.4162	.4177
1.4	.4192	.4207	.4222	.4236	.4251	.4265	.4279	.4292	.4306	.4319
1.5	.4332	.4345	.4357	.4370	.4382	.4394	.4406	.4418	.4429	.4441
1.6	.4452	.4463	.4474	.4484	.4495	.4505	.4515	.4525	.4535	.4545
1.7	.4554	.4564	.4573	.4582	.4591	.4599	.4608	.4616	.4625	.4633
1.8	.4641	.4649	.4656	.4664	.4671	.4678	.4686	.4693	.4699	.4706
1.9	.4713	.4719	.4726	.4732	.4738	.4744	.4750	.4756	.4761	.4767
2.0	.4772	.4778	.4783	.4788	.4793	.4798	.4803	.4808	.4812	.4817
2.1	.4821	.4826	.4830	.4834	.4838	.4842	.4846	.4850	.4854	.4857
2.2	.4861	.4864	.4868	.4871	.4875	.4878	.4881	.4884	.4887	.4890
2.3	.4893	.4896	.4898	.4901	.4904	.4906	.4909	.4911	.4913	.4916
2.4	.4918	.4920	.4922	.4925	.4927	.4929	.4931	.4932	.4934	.4936
2.5	.4938	.4940	.4941	.4943	.4945	.4946	.4948	.4949	.4951	.4952
2.6	.4953	.4955	.4956	.4957	.4959	.4960	.4961	.4962	.4963	.4964
2.7	.4965	.4966	.4967	.4968	.4969	.4970	.4971	.4972	.4973	.4974
2.8	.4974	.4975	.4976	.4977	.4977	.4978	.4979	.4979	.4980	.4981
2.9	.4981	.4982	.4982	.4983	.4984	.4984	.4985	.4985	.4986	.4986
3.0	.4987	.4987	.4987	.4988	.4988	.4989	.4989	.4989	.4990	.4990
3.1	.4990	.4991	.4991	.4991	.4992	.4992	.4992	.4992	.4993	.4993
3.2	.4993	.4993	.4994	.4994	.4994	.4994	.4994	.4995	.4995	.4995
3.3	.4995	.4995	.4995	.4996	.4996	.4996	.4996	.4996	.4996	.4997
3.4	.4997	.4997	.4997	.4997	.4997	.4997	.4997	.4997	.4997	.4998
3.5	.4998	.4998	.4998	.4998	.4998	.4998	.4998	.4998	.4998	.4998
3.6	.4998	.4998	.4999	.4999	.4999	.4999	.4999	.4999	.4999	.4999
3.7	.4999	.4999	.4999	.4999	.4999	.4999	.4999	.4999	.4999	.4999

☞ 左表より，

(左半分の面積)

= (右半分の面積)

= 0.4750

となるのは 1.96 のとき

とわかります。

（確率）＝（面積）が 0.95 となる範囲

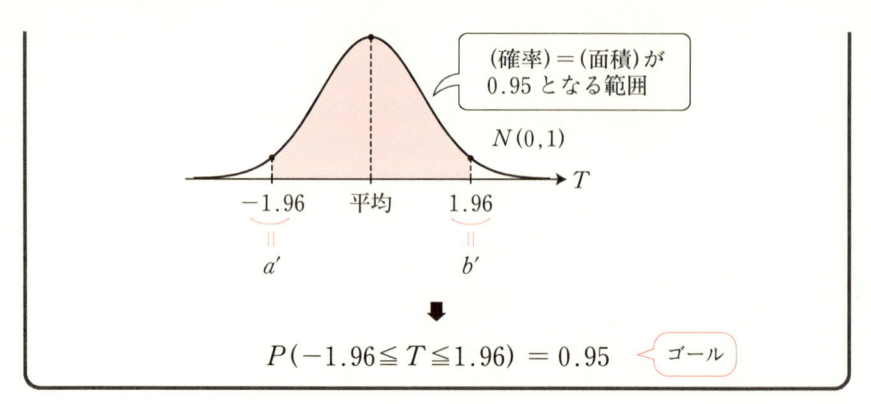

$N(0,1)$

-1.96　平均　1.96　T

a'　　　　b'

$P(-1.96 \leq T \leq 1.96) = 0.95$ ← ゴール

これはつまり，確率変数 T が「-1.96 と 1.96 の間にある確率は 95% となる」ことを表しています。

この区間のどこかに T が存在する確率が 95%。

さらにこの結果において，$T = \dfrac{\bar{X} - \mu}{\dfrac{\sigma}{\sqrt{n}}}$ であることに着目すると，

$$-1.96 \leq \underbrace{T}_{= \frac{\bar{X}-\mu}{\frac{\sigma}{\sqrt{n}}}} \leq 1.96$$

$$\Leftrightarrow \quad -1.96 \leq \frac{\bar{X}-\mu}{\frac{\sigma}{\sqrt{n}}} \leq 1.96$$

$$\Leftrightarrow \quad \bar{X} - 1.96 \times \frac{\sigma}{\sqrt{n}} \leq \underset{\text{母平均}}{\mu} \leq \bar{X} + 1.96 \times \frac{\sigma}{\sqrt{n}}$$

というふうに，母平均 μ の 95% 信頼区間が得られることになります。
ところで，この得られた区間は何を意味しているのでしょうか!?

この区間は，もともと確率変数 T の 95%信頼区間 $-1.96 \leq T \leq 1.96$ から得られたものでした。

また，$T = \dfrac{\bar{X} - \mu}{\dfrac{\sigma}{\sqrt{n}}}$ において，

$$T = \dfrac{\bar{X} - \mu}{\dfrac{\sigma}{\sqrt{n}}} \quad \Leftrightarrow \quad \mu = \dfrac{-\sigma}{\sqrt{n}} \cdot T + \bar{X}$$

から，母平均 μ を確率変数として扱うことができるので，

$$P(-1.96 \leq T \leq 1.96) = P\left(\bar{X} - 1.96 \times \dfrac{\sigma}{\sqrt{n}} \leq \mu \leq \bar{X} + 1.96 \times \dfrac{\sigma}{\sqrt{n}}\right)$$

確率変数 T が，-1.96 と 1.96 の間にある確率を表します。

確率変数 μ が，$\bar{X} - 1.96 \times \dfrac{\sigma}{\sqrt{n}}$ と $\bar{X} + 1.96 \times \dfrac{\sigma}{\sqrt{n}}$ の間にある確率を表します。

と考えられます。

よって，$P(-1.96 \leq T \leq 1.96) = 0.95$ なので，

$$P\left(\bar{X} - 1.96 \times \dfrac{\sigma}{\sqrt{n}} \leq \mu \leq \bar{X} + 1.96 \times \dfrac{\sigma}{\sqrt{n}}\right) = 0.95$$

が成立します。

もしこのことがわかりにくければ，次のように考えるとよいでしょう。
確率 $P(-1.96 \leq T \leq 1.96) = 0.95$ の意味から，

「T が -1.96 と 1.96 の間の値となる確率が 0.95（95%）」

さらに T の定義式 $T = \dfrac{\bar{X} - \mu}{\dfrac{\sigma}{\sqrt{n}}}$ より，

$\Leftrightarrow$ 「$\dfrac{\bar{X} - \mu}{\dfrac{\sigma}{\sqrt{n}}}$ が -1.96 と 1.96 の間の値となる確率が 0.95（95%）」

$$\text{``} -1.96 \leq \dfrac{\bar{X} - \mu}{\dfrac{\sigma}{\sqrt{n}}} \leq 1.96 \text{''}$$

$\Leftrightarrow$ 「不等式 $-1.96 \leq \dfrac{\bar{X} - \mu}{\dfrac{\sigma}{\sqrt{n}}} \leq 1.96$ が成立する確率が 0.95（95%）」

この不等式を変形すると，$\bar{X}-1.96\times\dfrac{\sigma}{\sqrt{n}} \leq \mu \leq \bar{X}+1.96\times\dfrac{\sigma}{\sqrt{n}}$ なので，

$$\Leftrightarrow \text{「不等式 } \bar{X}-1.96\times\dfrac{\sigma}{\sqrt{n}} \leq \mu \leq \bar{X}+1.96\times\dfrac{\sigma}{\sqrt{n}} \text{ が}$$
$$\text{成立する確率が } 0.95(95\%)\text{」}$$
$$\therefore \; P\left(\bar{X}-1.96\times\dfrac{\sigma}{\sqrt{n}} \leq \mu \leq \bar{X}+1.96\times\dfrac{\sigma}{\sqrt{n}}\right) = 0.95$$

と考えることもできます。

これより区間推定の定義から，

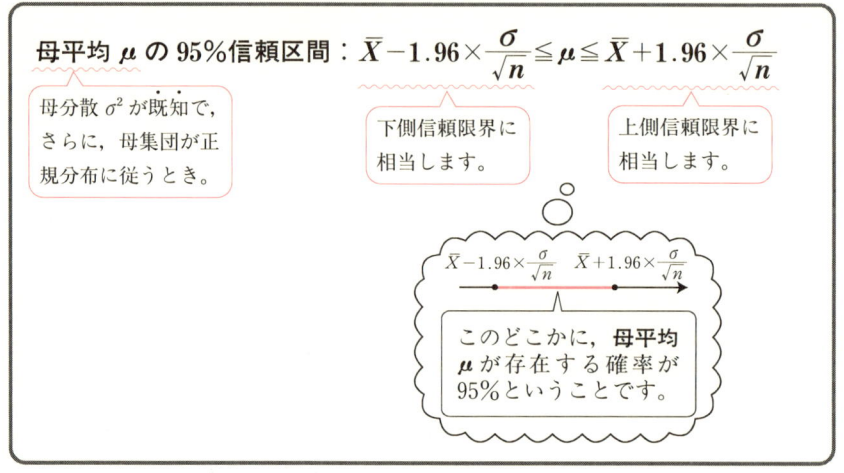

母平均 μ の 95%信頼区間：$\bar{X}-1.96\times\dfrac{\sigma}{\sqrt{n}} \leq \mu \leq \bar{X}+1.96\times\dfrac{\sigma}{\sqrt{n}}$

（母分散 σ^2 が既知で，さらに，母集団が正規分布に従うとき。）

（下側信頼限界に相当します。）

（上側信頼限界に相当します。）

$\bar{X}-1.96\times\dfrac{\sigma}{\sqrt{n}}$ 〜 $\bar{X}+1.96\times\dfrac{\sigma}{\sqrt{n}}$

このどこかに，**母平均 μ** が存在する確率が 95%ということです。

がいえることになります。

(ii) 追加条件：母集団が，平均 μ，分散 σ^2 の任意の母集団である

（μ：値は不明，σ^2：値は判明）

たとえ母集団が正規分布に従わないときでも，取り出す標本のサイズ n が十分に大きいときには，その標本で構成される標本平均 $\bar{X}$ は，**中心極限定理**により，近似的に正規分布 $N\left(\mu, \dfrac{\sigma^2}{n}\right)$ に従うことがわかっています（講義13, 163ページ）。

よって，新しい確率変数

$$T = \frac{\bar{X} - \mu}{\frac{\sigma}{\sqrt{n}}}$$

は，標準正規分布 $N(0,1)$ に近似的に従うことになり，先の追加条件(i)と同様の議論ができるので，同じ 結果 を得ることができます(あくまでも近似的にですが)。

ですから，今後は特に断りのない限り，母集団は正規分布に従う(少なくとも近似的には)として話を進めます。

② 条件 ：母分散 σ^2 の値がわかっていないとき：

この場合，条件①のときと違って，母集団から取り出した標本の標本平均 $\bar{X}$ を用いて，

「新しい確率変数 $T = \dfrac{\bar{X} - \mu}{\frac{\sigma}{\sqrt{n}}}$ は，標準正規分布 $N(0,1)$ に従う」

$$\Downarrow$$

「区間推定：$\bar{X} - 1.96 \times \dfrac{\sigma}{\sqrt{n}} \leq \mu \leq \bar{X} + 1.96 \times \dfrac{\sigma}{\sqrt{n}}$」

と求めることはできません。なぜならば，今回は母平均 μ だけでなく，母分散 σ^2 の値もわからないまま母平均 μ の区間推定を行おうとしているからです(母分散がわかっているケースは実際にはまれなので，この方が一般的です)。

「ならば，母分散 σ^2 の代わりに，標本分散 S^2 を用いてみては？」と考えるかもしれませんね。しかし，細かい理由は省きますが，標本分散 S^2 ではうまく対応する確率分布がないのです。

それではどうすればこの問題をうまくクリアして，母平均の推定ができるのでしょうか。ここは先人が見つけた 知識 を拝借することにしましょう。

知 識

正規分布に従う母集団から取り出した標本 $(X_1, X_2, \cdots, X_n)$ において, ("サイズ n")

$$\begin{cases} 標本平均: \bar{X} = \dfrac{1}{n}(X_1+X_2+\cdots+X_n) = \dfrac{1}{n}\sum_{k=1}^{n} X_k \\ 不偏分散: U^2 = \dfrac{1}{n-1}\{(X_1-\bar{X})^2+(X_2-\bar{X})^2+\cdots+(X_n-\bar{X})^2\} \\ \qquad\qquad\quad = \dfrac{1}{n-1}\sum_{k=1}^{n}(X_k-\bar{X})^2 \end{cases}$$

を用いてつくられる新しい確率変数

$$T = \frac{\bar{X} - \mu}{\dfrac{U}{\sqrt{n}}}$$

は, **自由度 $n-1$ の t 分布**に従います。
　　　"(標本のサイズ)−1"

注　自由度 $n-1$ の t 分布は, $n-1 \geqq 30$ くらいのときは, 標準正規分布 $N(0,1)$ にほぼ一致することがわかっています。

この知識を利用すると, (i)のときのように

スタート　$P(a' \leqq T \leqq b') = 0.95$

● 自由度 $n-1$ の t 分布の確率密度関数のグラフ

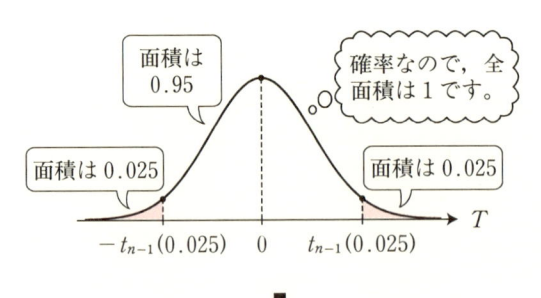

面積は 0.95
確率なので, 全面積は 1 です。
面積は 0.025
面積は 0.025
$-t_{n-1}(0.025)$　　0　　$t_{n-1}(0.025)$　　T

自由度 $n-1$ の t 分布のパーセント点表(ただし，$n \geq 2$ とします。)

α $n-1$	0.100	0.050	0.025	0.010	0.005
1	3.078	6.314	12.706	31.821	63.657
2	1.886	2.920	4.303	6.965	9.925
3	1.638	2.353	3.182	4.541	5.841
4	1.533	2.132	2.776	3.747	4.604
5	1.476	2.015	2.571	3.365	4.032
6	1.440	1.943	2.447	3.143	3.707
7	1.415	1.895	2.365	2.998	3.499
8	1.397	1.860	2.306	2.896	3.355
9	1.383	1.833	2.262	2.821	3.250
10	1.372	1.812	2.228	2.764	3.169
11	1.363	1.796	2.201	2.718	3.106
12	1.356	1.782	2.179	2.681	3.055
13	1.350	1.771	2.160	2.650	3.012
14	1.345	1.761	2.145	2.624	2.977
15	1.341	1.753	2.131	2.602	2.947
16	1.337	1.746	2.120	2.583	2.921
17	1.333	1.740	2.110	2.567	2.898
18	1.330	1.734	2.101	2.552	2.878
19	1.328	1.729	2.093	2.539	2.861
20	1.325	1.725	2.086	2.528	2.845
21	1.323	1.721	2.080	2.518	2.831
22	1.321	1.717	2.074	2.508	2.819
23	1.319	1.714	2.069	2.500	2.807
24	1.318	1.711	2.064	2.492	2.797
25	1.316	1.708	2.060	2.485	2.787
26	1.315	1.706	2.056	2.479	2.779
27	1.314	1.703	2.052	2.473	2.771
28	1.313	1.701	2.048	2.467	2.763
29	1.311	1.699	2.045	2.462	2.756
30	1.310	1.697	2.042	2.457	2.750
31	1.309	1.696	2.040	2.453	2.744
32	1.309	1.694	2.037	2.449	2.738
33	1.308	1.692	2.035	2.445	2.733
34	1.307	1.691	2.032	2.441	2.728
35	1.306	1.690	2.030	2.438	2.724
40	1.303	1.684	2.021	2.423	2.704
60	1.296	1.671	2.000	2.390	2.660
120	1.289	1.658	1.980	2.358	2.617
∞	1.282	1.645	1.960	2.326	2.576

☞ 左表より，2.5％点 ($\alpha=0.025$) となる値を自由度 $n-1$ の値に応じて探します。

例えば標本のサイズが 20 の場合，$n-1=19$ なので，
$$t_{19}(0.025) = 2.093$$
となります。

$n-1=\infty$ で $t_{n-1}(0.025)=1.960$ となります。この値は標準正規分布と同じ値となることに注意して下さい。

$t_{n-1}(0.025)$ となる値を見つけ，さらにグラフの対称性に考慮すると，
$$P(-t_{n-1}(0.025) \leq T \leq t_{n-1}(0.025)) = 0.95 \quad \text{ゴール}$$

（a' = $-t_{n-1}(0.025)$，b' = $t_{n-1}(0.025)$）

これより，**確率変数 T の 95％信頼区間**は，
$$-t_{n-1}(0.025) \leq T \leq t_{n-1}(0.025)$$
とわかります。

さらに $T = \dfrac{\overline{X}-\mu}{\dfrac{U}{\sqrt{n}}}$ と設定して，条件①と同様に考えれば，

$$\Leftrightarrow \quad -t_{n-1}(0.025) \leq \frac{\bar{X}-\mu}{\frac{U}{\sqrt{n}}} \leq t_{n-1}(0.025)$$

$$\Leftrightarrow \quad \bar{X}-t_{n-1}(0.025)\times\frac{U}{\sqrt{n}} \leq \mu \leq \bar{X}+t_{n-1}(0.025)\times\frac{U}{\sqrt{n}}$$

となり，これが母平均 μ の95%信頼区間ということになります。

以上のポイントを抜き出すと，

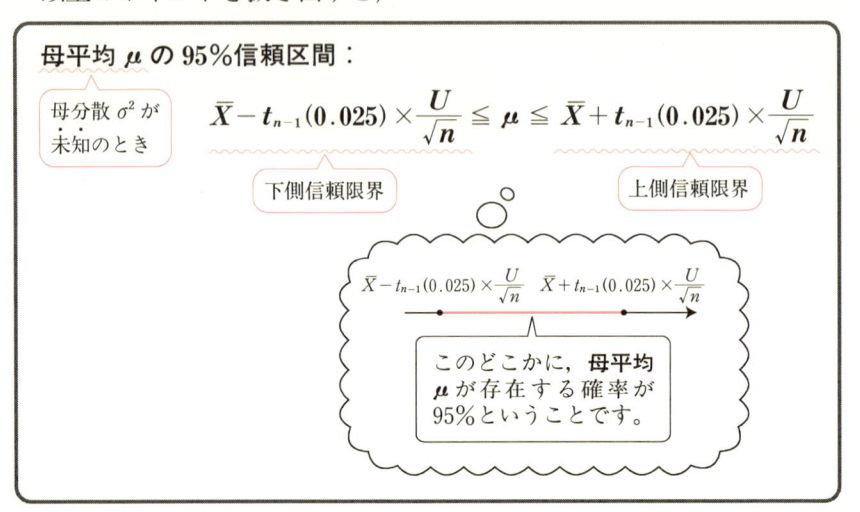

母平均 μ の95%信頼区間：

（母分散 σ^2 が未知のとき）

$$\bar{X}-t_{n-1}(0.025)\times\frac{U}{\sqrt{n}} \leq \mu \leq \bar{X}+t_{n-1}(0.025)\times\frac{U}{\sqrt{n}}$$

下側信頼限界　　　　　　　　　　　上側信頼限界

$\bar{X}-t_{n-1}(0.025)\times\frac{U}{\sqrt{n}}$　　$\bar{X}+t_{n-1}(0.025)\times\frac{U}{\sqrt{n}}$

このどこかに，母平均 μ が存在する確率が95%ということです。

とまとめられます。

●母分散 σ^2 の区間推定

目的：母分散 σ^2 を知りたい…母分散 σ^2 の区間推定を行う

ここで χ^2 分布の性質（講義12，150ページ）を思い出して頂きます。

χ^2 分布の性質

確率変数 $X_1, X_2, \cdots, X_n$ が独立で，正規分布 $N(\mu, \sigma^2)$ に従うとき，新たな確率変数

$$T = \frac{1}{\sigma^2}\sum_{i=1}^{n}(X_i-\bar{X})^2 \quad \left(\bar{X}=\frac{1}{n}(X_1+X_2+\cdots+X_n)\right)$$

は，自由度 $n-1$ の χ^2 分布に従います。

次に，母集団が正規分布 $N(\mu, \sigma^2)$ に従うとき，ここからサイズ n の標本 $(X_1, X_2, \cdots, X_n)$ を取り出すと，

$$\begin{cases} 標本平均：\bar{X} = \dfrac{1}{n}(X_1 + X_2 + \cdots + X_n) = \dfrac{1}{n}\sum_{i=1}^{n} X_i \\ 標本分散：S^2 = \dfrac{1}{n}\{(X_1 - \bar{X})^2 + \cdots + (X_n - \bar{X})^2\} = \dfrac{1}{n}\sum_{i=1}^{n}(X_i - \bar{X})^2 \end{cases}$$

となります。また，新しい確率変数

$$T = \frac{n \cdot S^2}{\sigma^2}$$

を設定すると，

$$\frac{n \cdot S^2}{\sigma^2} = \frac{n}{\sigma^2} \cdot \frac{1}{n}\sum_{i=1}^{n}(X_i - \bar{X})^2 = \frac{1}{\sigma^2}\sum_{i=1}^{n}(X_i - \bar{X})^2$$

となるので，確率変数 T が $T = \dfrac{1}{\sigma^2}\sum_{i=1}^{n}(X_i - \bar{X})^2$ ということに着目すると，χ^2 **分布の性質**より，「確率変数 T は，自由度 $n-1$ の χ^2 分布に従う」ことがわかります。よって，

> スタート　$P(a' \leqq T \leqq b') = 0.95$
>
> ↓
>
> ●自由度 $n-1$ の χ^2 分布の確率密度関数のグラフ
>
> 面積は 0.95
> 確率なので，全面積は 1 です。
> 面積は 0.025
> 面積は 0.025
> $\chi^2_{n-1}(0.975)$　　$\chi^2_{n-1}(0.025)$　T
>
> ↓

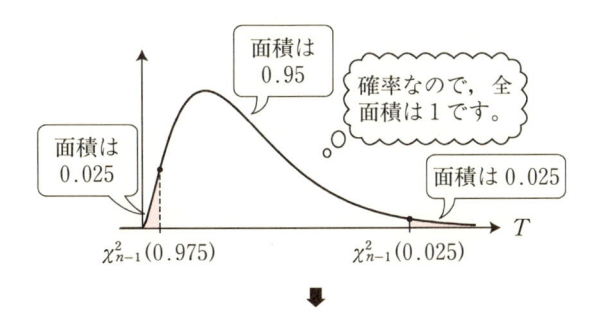

自由度 $n-1$ の χ^2 分布のパーセント点表（ただし, $n \geq 2$ とします。）

α $n-1$	0.995	0.990	0.975	0.950	0.500	0.050	0.025	0.010	0.005
1	0.0⁴39	0.0³16	0.0³98	0.004	0.455	3.84	5.02	6.63	7.88
2	0.010	0.020	0.051	0.103	1.386	5.99	7.38	9.21	10.60
3	0.072	0.115	0.216	0.352	2.366	7.81	9.35	11.34	12.84
4	0.207	0.297	0.484	0.711	3.357	9.49	11.14	13.28	14.86
5	0.412	0.554	0.831	1.145	4.351	11.07	12.83	15.08	16.75
6	0.676	0.872	1.237	1.635	5.348	12.59	14.45	16.81	18.55
7	0.989	1.239	1.690	2.17	6.346	14.07	16.01	18.48	20.3
8	1.344	1.646	2.18	2.73	7.344	15.51	17.53	20.1	22.0
9	1.736	2.09	2.70	3.33	8.343	16.92	19.02	21.7	23.6
10	2.16	2.56	3.25	3.94	9.342	18.31	20.5	23.2	25.2
11	2.60	3.05	3.82	4.57	10.34	19.68	21.9	24.7	26.7
12	3.07	3.57	4.40	5.23	11.34	21.0	23.3	26.2	28.3
13	3.57	4.11	5.01	5.89	12.34	22.4	24.7	27.7	29.8
14	4.07	4.66	5.63	6.57	13.34	23.7	26.1	29.1	31.3
15	4.60	5.23	6.26	7.26	14.34	25.0	27.5	30.6	32.8
16	5.14	5.81	6.91	7.96	15.34	26.3	28.8	32.0	34.3
17	5.70	6.41	7.56	8.67	16.34	27.6	30.2	33.4	35.7
18	6.26	7.01	8.23	9.39	17.34	28.9	31.5	34.8	37.2
19	6.84	7.63	8.91	10.12	18.34	30.1	32.9	36.2	38.6
20	7.43	8.26	9.59	10.85	19.34	31.4	34.2	37.6	40.0
21	8.03	8.90	10.28	11.59	20.34	32.7	35.5	38.9	41.4
22	8.64	9.54	10.98	12.34	21.34	33.9	36.8	40.3	42.8
23	9.26	10.20	11.69	13.09	22.34	35.2	38.1	41.6	44.2
24	9.89	10.86	12.40	13.85	23.34	36.4	39.4	43.0	45.6
25	10.52	11.52	13.12	14.61	24.34	37.7	40.6	44.3	46.9
26	11.16	12.20	13.84	15.38	25.34	38.9	41.9	45.6	48.3
27	11.81	12.88	14.57	16.15	26.34	40.1	43.2	47.0	49.6
28	12.46	13.56	15.31	16.93	27.34	41.3	44.5	48.3	51.0
29	13.12	14.26	16.05	17.71	28.34	42.6	45.7	49.6	52.3
30	13.79	14.95	16.79	18.49	29.34	43.8	47.0	50.9	53.7
40	20.7	22.2	24.4	26.5	39.34	55.8	59.3	63.7	66.8
60	35.7	37.5	40.5	43.2	59.33	79.1	83.3	88.4	92.0
120	83.9	86.9	91.6	95.7	119.3	146.6	152.2	159.0	163.6
240	187.3	192.0	199.0	205.1	239.3	277.1	284.8	293.9	300.2

☞ 左表より, 2.5％点 ($\alpha=0.025$) と 97.5％ ($\alpha=0.975$) となる値を, 自由度 $n-1$ の値に応じて探します。

　例えば標本のサイズが20の場合, $n-1=19$ なので,
$$\begin{cases} \chi_{19}^2(0.025) = 32.9 \\ \chi_{19}^2(0.975) = 8.91 \end{cases}$$
となります。

↓

$$P(\chi_{n-1}^2(0.975) \leq T \leq \chi_{n-1}^2(0.025)) = 0.95 \quad \text{＜ゴール}$$

（a'　　　　　b'）

これより確率変数 T の95％信頼区間は,
$$\chi_{n-1}^2(0.975) \leq T \leq \chi_{n-1}^2(0.025)$$
とわかります。

　さらに $T = \dfrac{n \cdot S^2}{\sigma^2}$ に着目し, 母平均 μ の区間推定のときと同様に考えれば,

$$\chi_{n-1}^2(0.975) \leq \frac{n \cdot S^2}{\sigma^2} \leq \chi_{n-1}^2(0.025)$$

$$\Leftrightarrow \quad \frac{n \cdot S^2}{\chi_{n-1}^2(0.975)} \leq \sigma^2 \leq \frac{n \cdot S^2}{\chi_{n-1}^2(0.025)}$$

となり, これが母分散 σ^2 の95％信頼区間ということになります。

以上をまとめると，

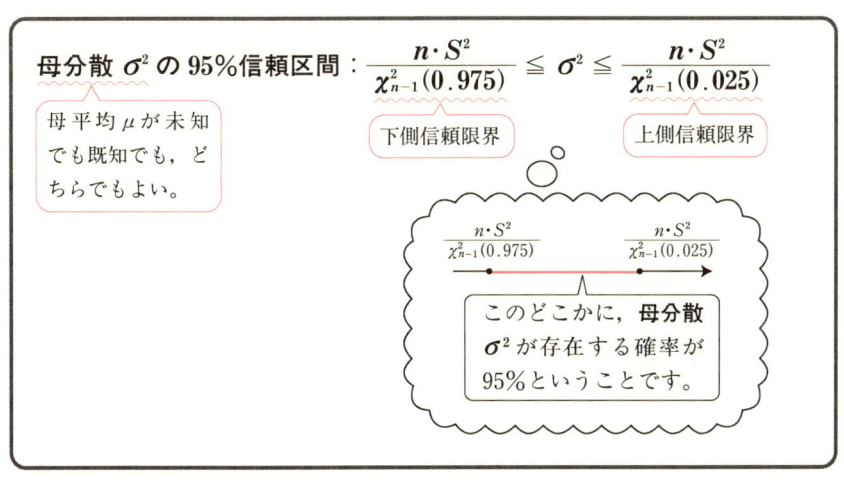

> 母分散 σ^2 の 95%信頼区間：$\dfrac{n \cdot S^2}{\chi^2_{n-1}(0.975)} \leqq \sigma^2 \leqq \dfrac{n \cdot S^2}{\chi^2_{n-1}(0.025)}$
>
> 母平均 μ が未知でも既知でも，どちらでもよい。
>
> 下側信頼限界　　　上側信頼限界
>
> このどこかに，母分散 σ^2 が存在する確率が 95% ということです。

となります。

●母比率 p の区間推定

目的：母比率 p を知りたい…母比率 p の区間推定を行う

母比率とは，「母集団に属するモノが，ある性質をもつ・もたないという観点で分類したときの**割合**」といえます。

当然，母集団に属するモノすべてを1つずつ調べるのは容易ではないことが多いので，母集団から取り出した標本を用いて母比率 p を推定することになります。

しかし，まず次の定理(講義11，141 ページ)を思い出して頂きます。

ラプラスの定理

確率変数 X が二項分布 $B(n,p)$ に従い，さらに n が十分に大きいとき，

n：標本のサイズ，p：確率

二項分布 $B(n,p)$ は，正規分布 $N(np, np(1-p))$

平均は np，分散は $np(1-p)$ となりましたね(講義8，98 ページ)。

に近似的に従います。よって，新しい確率変数 $Z = \dfrac{X - np}{\sqrt{np(1-p)}}$ は，標準正規分布 $N(0, 1)$ に近似的に従うことになります。

ここで，母集団の要素の個数がかなり大きいときを考えると，

(母集団の中である性質をもつ確率) = (母比率) = p

と考えることができます。また，母集団から取り出したサイズ n の標本 $(X_1, X_2, \cdots, X_n)$ がある性質をもつ比率を，

$$\text{標本比率 } \bar{p} = \frac{X}{n}$$

標本 $X_1 \sim X_n$ の中で，ある性質をもつモノが X 個あるということです。

とすると，確率変数 X は二項分布 $B(n, p)$ に従います。さらに，二項分布 $B(n, p)$ は n が十分大きいときには正規分布 $N(np, np(1-p))$ に近似的に従うことになります($\because$ ラプラスの定理)。

そして，

$$\begin{cases} E\left(\dfrac{X}{n}\right) = \dfrac{1}{n} \cdot \underbrace{E(X)}_{np} = \dfrac{1}{n} \cdot np = p \\ V\left(\dfrac{X}{n}\right) = \dfrac{1}{n^2} \cdot \underbrace{V(X)}_{np(1-p)} = \dfrac{1}{n^2} \cdot np(1-p) = \dfrac{p(1-p)}{n} \end{cases}$$

$\dfrac{X}{n}$ の平均

$\dfrac{X}{n}$ の分散

となるので，確率変数 $\dfrac{X}{n} (= \bar{p})$ は近似的に正規分布 $N\left(p, \dfrac{p(1-p)}{n}\right)$ に従うことになります。よって，新しい確率変数

$$T = \frac{\bar{p} - p}{\sqrt{\dfrac{p(1-p)}{n}}}$$

は，近似的に標準正規分布 $N(0, 1)$ に従います。

このことに着目し，母平均 μ の区間推定(母分散の値がわかっている場合)のときと同様に考えれば，

$$P(a' \leqq T \leqq b') = 0.95$$

⬇

⋮

⬇

$$P(-1.96 \leqq T \leqq 1.96) = 0.95$$

ここで $a' = -1.96$、$b' = 1.96$

よって，T の 95%信頼区間：$-1.96 \leqq T \leqq 1.96$ は，

$T = \dfrac{\bar{p}-p}{\sqrt{\dfrac{p(1-p)}{n}}}$

$$\bar{p} - 1.96 \times \sqrt{\frac{p(1-p)}{n}} \leqq p \leqq \bar{p} + 1.96 \times \sqrt{\frac{p(1-p)}{n}}$$

となり，母比率 p の 95%信頼区間が得られるように見えます。しかし，よく $\sqrt{}$（ルート）の中身を見ると，

$$\sqrt{\frac{p(1-p)}{n}}$$

のように母比率 p そのものが入ってしまっています。

そこで，標本のサイズ n が十分に大きいので，

母比率 p ≒ 標本比率 $\bar{p}$

と考えて，$\sqrt{}$ の中を $p \to \bar{p}$ と置き換えると

$$\bar{p} - 1.96 \times \sqrt{\frac{\bar{p}(1-\bar{p})}{n}} \leqq p \leqq \bar{p} + 1.96 \times \sqrt{\frac{\bar{p}(1-\bar{p})}{n}}$$

となり，これが母比率 p の信頼区間ということになります。

👉 もしかしたら，「最初から，$p ≒ \bar{p}$ とすればよいのでは？」という人がいるかもしれませんね（実は標本比率は不偏推定量なので（∵ $E(\bar{p}) = E\left(\dfrac{X}{n}\right)$ $= p$），これはこれで点推定としての意味はあります）。

しかし，「最初から $p ≒ \bar{p}$ としてしまう」のと，「最後の最後で一部に $p ≒ \bar{p}$ を用いる」のとでは， 結果 の精度が異なります。モチロン，後者の

講義15●統計的推定3　**185**

方が精度が高いと考えられそうですね(もっとも,範囲はあいまいになりますが)。

以上をまとめると,

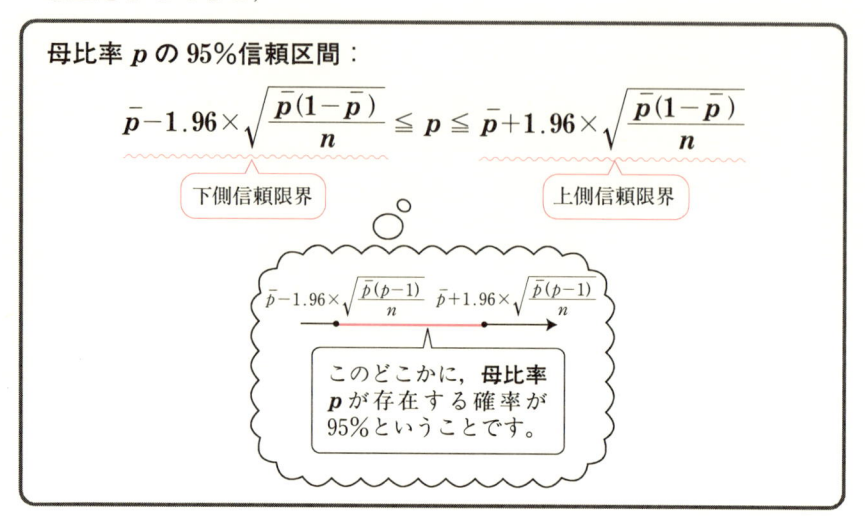

母比率 p の95%信頼区間:

$$\bar{p} - 1.96 \times \sqrt{\frac{\bar{p}(1-\bar{p})}{n}} \leq p \leq \bar{p} + 1.96 \times \sqrt{\frac{\bar{p}(1-\bar{p})}{n}}$$

下側信頼限界　　　　　　　上側信頼限界

$\bar{p} - 1.96 \times \sqrt{\frac{\bar{p}(p-1)}{n}}$ 　 $\bar{p} + 1.96 \times \sqrt{\frac{\bar{p}(p-1)}{n}}$

このどこかに,母比率 p が存在する確率が95%ということです。

となります。

演習問題 15-1 あるプロバイダーの会社が，会員の1日当たりのネット使用時間の母平均 μ を調べようとしている。1万人の会員から無作為に10人を選び出し，ネット使用時間のアンケートに答えてもらったところ，

100　30　70　60　150　10　20　90　60　120　（単位：分）

となった。また過去のデータからネット使用時間の標準偏差は15（分）とわかっており，さらに，ネット使用時間は正規分布に従うとする。このとき，ネット使用時間の母平均 μ の95%信頼区間を小数第1位まで求めよ。

解答＆解説

ネット使用時間の標準偏差が15なので，母分散は $15^2=225$ となることがわかる。また，正規分布 $N(\mu, 225)$ から取り出したサイズ10の標本 $(100, 30, 70, 60, 150, 10, 20, 90, 60, 120)$ において，標本平均は

$$標本平均：\bar{x} = \frac{1}{10}(100+30+70+60+150+10+20+90+60+120)$$
$$= 71$$

となる。ここで，母分散 $\sigma^2=225$，サイズ $n=10$ なので，母平均 μ の95%信頼区間は，

$$\bar{x} - 1.96 \times \frac{\sigma}{\sqrt{n}} \leqq \mu \leqq \bar{x} + 1.96 \times \frac{\sigma}{\sqrt{n}}$$

$$\Leftrightarrow \quad 71 - 1.96 \times \frac{15}{\sqrt{10}} \leqq \mu \leqq 71 + 1.96 \times \frac{15}{\sqrt{10}}$$

$$\Leftrightarrow \quad 71 - 9.3 \leqq \mu \leqq 71 + 9.3$$

$$\therefore \quad 61.7 \leqq \mu \leqq 80.3 \quad \cdots\cdots (答)$$

実習問題 15-1 あるテレビ局のバラエティー番組の調査で，1000人のモニターを用意してオモシロイか・オモシロクナイかのどちらかの判断をしてもらった。その結果，オモシロイと回答した人は400人であった。この番組を日本全国でテレビ放映するとき，オモシロイと感じる人の割合（母比率 p）の95%信頼区間を小数第2位まで求めよ。

解答&解説

このとき，モニターに基づくサイズ1000の標本における比率は，

$$標本比率\ \bar{p} = \frac{400}{1000} = \boxed{(a)}$$

となるので，母比率 p の95%信頼区間は，

$$\bar{p} - 1.96 \times \sqrt{\frac{\bar{p}(1-\bar{p})}{n}} \leqq p \leqq \bar{p} + 1.96 \times \sqrt{\frac{\bar{p}(1-\bar{p})}{n}}$$

$$\Leftrightarrow \frac{2}{5} - 1.96 \times \sqrt{\frac{\frac{2}{5}\left(1-\frac{2}{5}\right)}{1000}} \leqq p \leqq \frac{2}{5} + \boxed{(b)}$$

$$\Leftrightarrow \frac{2}{5} - 1.96 \times 0.015 \leqq p \leqq \frac{2}{5} + 1.96 \times 0.015$$

$$\Leftrightarrow 0.4 - 0.03 \leqq p \leqq 0.4 + \boxed{(c)}$$

$$\therefore\ 0.37 \leqq p \leqq \boxed{(d)} \quad \cdots\cdots（答）$$

すなわち，全体の37%〜43%ぐらいの人がこの番組をオモシロイと感じる可能性は，95%ということです。

(a) $\dfrac{2}{5}$　(b) $1.96 \times \sqrt{\dfrac{\frac{2}{5}\left(1-\frac{2}{5}\right)}{1000}}$　(c) 0.03　(d) 0.43

講義 16 LECTURE 統計的仮説検定 1

これまで学んできた統計的推定において，点推定や区間推定を扱いましたが，これらはまとめると，

> ・**点推定**……母集団から取り出した標本$(X_1, X_2, \cdots, X_n)$を用いて統計量 $T(X_1, X_2, \cdots, X_n)$を設定して，母数θの値を
>
> > $X_1, X_2, \cdots, X_n$の関数を表しています。
> > 統計量の例として，
> > 標本平均：$\bar{X} = \dfrac{1}{n}(X_1 + X_2 + \cdots + X_n)$
> > $T(X_1, X_2, \cdots, X_n)$
> > などが挙げられます。
>
> ダ・イ・レ・ク・トに求める。しかし，あまり現実的ではない。
>
> ・**区間推定**…母集団から取り出した標本$(X_1, X_2, \cdots, X_n)$を用いて統計量 $T(X_1, X_2, \cdots, X_n)$を設定して，次に統計量 T が従う確率分布を考えて，最終的に成立する確率が 95%（または99%など）となる
>
> 　　　　　不等式：● ≦ 母数θ ≦ ▲
>
> を求める。

というものでした。

　つまり，**推定**という作業は，母集団の特徴となる値，母数θを，

　　　　　（母集団から取り出した標本）＝（確率変数）

とみなして統計量の従う確率分布を用いて求める・推測する（推定する）というふうにして，母数θに関する情報を手に入れる作業といえます。

　それでは推定に対して，これから学ぶ**検定**とはどういう作業なのでしょうか？

検定を簡単に説明すれば，はじめから母集団の特徴となる値，母数 θ に関する 情報 (仮説)は与えられているが，その 情報 が果たして，

本当なのか・嘘なのか？

を，統計量の従う確率分布を用いて判断する(検定する)作業ということができるでしょう。

　それでは何故，統計学の最後で**統計的推定**と**統計的仮説検定**とを並べて扱うのでしょうか。

　実は，どちらも母数 θ に関する 情報 を手に入れる作業(推測 or 判断)であり，両方ともその過程で

統計学の最たる 道具 ＝ 確率分布

を用いているという共通項があるのです。だからこそ，統計学では，

　離散型・連続型確率変数→さまざまな確率分布→統計的推定・仮説検定

という順番で学ぶのです。確かに，この方法が最も効率がよいのではないでしょうか。

　話をもとに戻して，統計的仮説検定では，「母数に関する情報が，本当か嘘かを判断する」といいましたが，統計学では，「その情報が嘘なのではないか？」という立場に立って検定を進めていきます。つまり，最初から疑ってかかるわけです。

　一般的には疑い深い人間はあまり歓迎されませんが，この統計的仮説検定では逆なのです。

　例えば，本当は

この情報は，嘘なんじゃないか？

という姿勢でありながら，表向きには

この情報は，正しいんじゃないか？

と**仮説を立て**，**確率分布**を用いて，**この仮説が正しい可能性を調べる**こ

　　① ────→ ② ────→ ③

とになります。しかし，真の目的は，この情報が正しいという可能性が低いものとなり，

やはり，この情報は嘘！

という結論を導くことなのです。

さらに仮説を立てるとき，

> 実は嘘ではないかと考えているが，一応正しい情報としておく仮説を，**帰無仮説** H_0
>
> > 無に帰す仮説，すなわち，無かったことにしたい仮説のことです。

といい，これに対して，

> 実はこっちが成立する(つまり情報は嘘)と考えている，帰無仮説と対抗する仮説を，**対立仮説** H_1
>
> > 帰無仮説と対立する仮説だから，対立仮説といいます。

といいます。

　実際的には，帰無仮説 H_0 の成立の可能性は次のように調べます。まず仮説に基づく統計量 T を設定し，その統計量が確率変数として扱える

> 仮説の対象となっている母集団から取り出した標本 $(X_1, X_2, \cdots, X_n)$ を用いて設定します。

ことに着目することにより，その統計量が従う確率分布を求めて，

> 確率変数 T の実現値 t が，ある値以上・以下となるかを 観察
>
> ⬇
>
> 間接的に，帰無仮説 H_0 を捨てることができる・できないかを 判断
>
> > このとき，対立仮説 H_1 が採択されることになります。

して調べることになります。

　その際，捨てることができる・できないの判断基準となる，実現値 t の**ボーダーライン**を，

有意水準 α 　or　 **危険率** α

といいます。実現値 t が仮説から推測して自然な値(確率的に起こりうる値)ならば，仮説は正しいと考えられますし，不自然な値(確率的に起

こりそうにもない値)ならば，仮説は誤っていると考えられます。有意水準(危険率) α は，この自然・不自然を決める境界線の役割を果たします。

さて，**実現値 t** が，その値になる確率が 1−α (採択域)の範囲に入るとき，間接的に帰無仮説 H_0 が正しい可能性は低くないと考えざるをえなくなり，帰無仮説 H_0 を捨てられないので，帰無仮説 H_0 は

採択される

ことになります。これは決して積極的に「帰無仮説 H_0 が正しい」といっているのではなく，むしろ消極的に，

帰無仮説 H_0 が間違っている・嘘とはいいきれない

ので，もう一度データを取り直して検定して下さいといっているのです。

逆に，**実現値 t** が，その値になる確率が α(棄却域)の範囲に入るとき，間接的に帰無仮説 H_0 が正しい可能性は低いと考えられ，帰無仮説 H_0 を捨てて対立仮説 H_1 が採択できます。このとき帰無仮説 H_0 は

棄却される

といい，帰無仮説 H_0 を捨てて対立仮説 H_1 を採択した方が，正しいという可能性が高くなります。

一般的には，有意水準 α として 0.01 or 0.05 を用います。つまり，仮定が正しい場合においては1%や5%でしか起こらない不自然なことが，もし起こってしまったならば，もとの仮定はおかしいと考えるのです。本書では，以下 $\alpha=0.05$ とします。

しかし，このような検定を行うと，次のようなミスが生じる可能性が出てきます。

- **第一種の誤り**…帰無仮説 H_0 が本当(真)なのに，棄却してしまう誤り。
- **第二種の誤り**…帰無仮説 H_0 が嘘(偽)なのに，採択してしまう誤り。

これらの結果，仮説に関して起きることは次の表のようにまとめられます。

仮説に関する表

事実＼判断結果	帰無仮説 H_0 を採択	帰無仮説 H_0 を棄却(対立仮説 H_1 を採択)
帰無仮説 H_0 が本当(真)	正しい判断	第一種の誤り
帰無仮説 H_0 が嘘(偽)（対立仮説 H_1 が真）	第二種の誤り	正しい判断

それではここで，検定における手順や 約束・定義 をまとめておくことにしましょう。

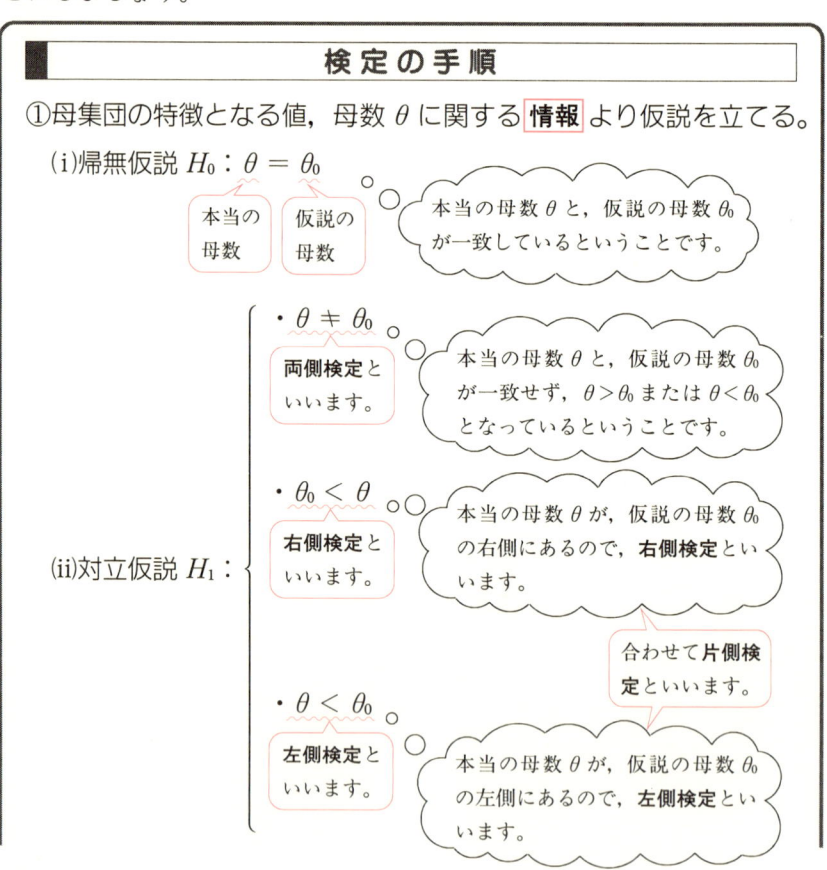

検定の手順

① 母集団の特徴となる値，母数 θ に関する 情報 より仮説を立てる。

(i) 帰無仮説 H_0 : $\theta = \theta_0$
   - 本当の母数
   - 仮説の母数

   （本当の母数 θ と，仮説の母数 θ_0 が一致しているということです。）

(ii) 対立仮説 H_1 :
   - $\theta \neq \theta_0$ **両側検定**といいます。
     （本当の母数 θ と，仮説の母数 θ_0 が一致せず，$\theta > \theta_0$ または $\theta < \theta_0$ となっているということです。）

   - $\theta_0 < \theta$ **右側検定**といいます。
     （本当の母数 θ が，仮説の母数 θ_0 の右側にあるので，**右側検定**といいます。）

   - $\theta < \theta_0$ **左側検定**といいます。
     （本当の母数 θ が，仮説の母数 θ_0 の左側にあるので，**左側検定**といいます。）

（合わせて **片側検定** といいます。）

(iii)有意水準を $\alpha=0.05$ (or 0.01)

というふうに 設定 を行う。そして以下,「帰無仮説 H_0 が正しい」という仮定のもとで議論を進めていきます。

②母集団から取り出した,標本 $(X_1, X_2, \cdots, X_n)$ によって統計量 $T(X_1, X_2, \cdots, X_n)$ をつくり,その統計量である新しい確率変数 T

> $X_1, X_2, \cdots, X_n$ を変数とする関数を表しており,例えば新しい確率変数として
> $$T = \frac{1}{n}(X_1 + X_2 + \cdots + X_n)$$
> や
> $$T = \frac{\overline{X} - \mu}{\frac{\sigma}{\sqrt{n}}} \quad \left(\overline{X} = \frac{1}{n}(X_1 + \cdots + X_n)\right)$$
> などがあります。

が帰無仮説 H_0 が正しい場合に従う確率分布を決める。

③対立仮説 H_1 の選び方によって,次の3通りに分かれる。

(i) $\theta \neq \theta_0$ のとき:すなわち,両側検定を行うとき:

●確率変数 T の従う確率分布

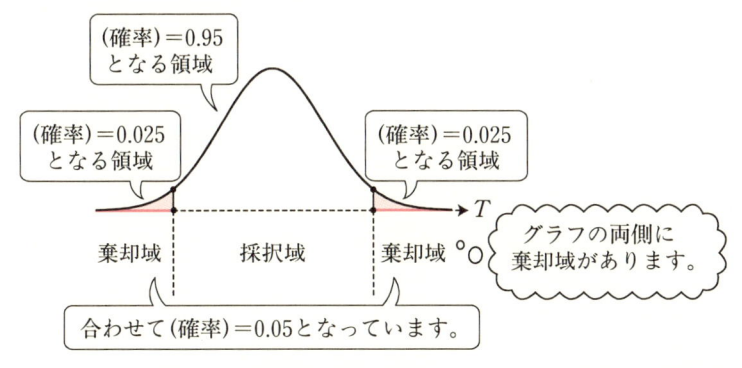

(確率)=0.95 となる領域

(確率)=0.025 となる領域

(確率)=0.025 となる領域

棄却域　採択域　棄却域

> グラフの両側に棄却域があります。

合わせて(確率)=0.05となっています。

上のグラフのように,採択域((確率)=0.95)と棄却域((確率)=0.05)とを分けて,**実現値 t** がどちらの領域に含まれるかをチェックします。

- 採択域…考えている確率変数の，全体の 95%が属している領域のことであり，この領域に含まれる実現値 t は起こってもオカシクない実現値といえます。
- 棄却域…考えている確率変数の，全体の 5%が属している領域のことであり，この領域に含まれる実現値 t は起こりにくい実現値といえます。

またこの領域は，

（有意水準）＝（棄却域の確率）

となるように定められています。

(a) 実現値 t が採択域に含まれる…

この領域に実現値 t が含まれるということは，起こってもオカシクない値ということなので，結果，「確率変数 T を構成している要素・パーツ（例：仮説の母平均 μ_0，仮説の母分散 σ_0^2 など）に誤りがあるとは，積極的にはいえない」ことを意味しています。というのは，もし各要素・パーツに大きな誤りがあれば，それらの構成体である確率変数 T に影響を及ぼし，起こりうる可能性が低い領域（棄却域）に含まれるだろうと考えられるからです。

これらから，母数 θ に関する帰無仮説 H_0 に基づく論理的齟齬を見つけることができず，帰無仮説 H_0 を棄却できない（つまり，「帰無仮説 H_0 が正しい」という仮定を否定できない）ので，

帰無仮説 H_0 は採択される

ことになります。

(b) 実現値 t が棄却域に含まれる…

この領域に実現値 t が含まれるということは，起こりにくい値と

いうことなので，結果，「確率変数 T を構成している要素・パーツ（例：仮説の母平均 μ_0，仮説の母分散 σ_0^2 など）に誤りがある可能性が低くない」と 統計学 では考えることにしています。

よってこのとき，母数 θ に関する帰無仮説 H_0 に基づく論理的齟齬が生じている可能性が高く，「帰無仮説 H_0 が正しい」という仮定は否定した方が適当と考えられるので，

帰無仮説 H_0 は棄却される

ことになります。そして，対立仮説 H_1 が採択されます。

(ii) $\theta_0 < \theta$ のとき：すなわち，右側検定を行うとき：

● 確率変数 T の従う確率分布

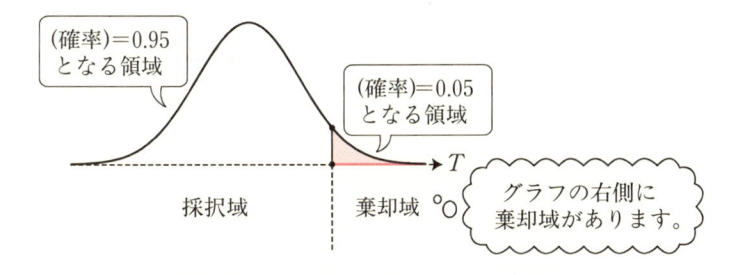

（確率）＝0.95 となる領域
（確率）＝0.05 となる領域
採択域　棄却域

グラフの右側に棄却域があります。

上のグラフのように採択域と棄却域を設定します。

(a) 実現値 t が採択域に含まれる…
採択域　棄却域

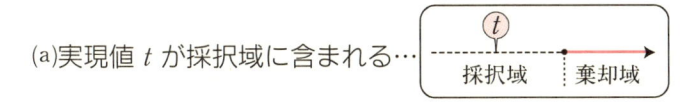

帰無仮説 H_0 は採択される

ことになります。

(b) 実現値 t が棄却域に含まれる…
採択域　棄却域

帰無仮説 H_0 は棄却される

ことになります。そして，対立仮説 H_1 が採択されます。

(iii) $\theta < \theta_0$ のとき：すなわち，左側検定を行うとき：
- 確率変数 T の従う確率分布

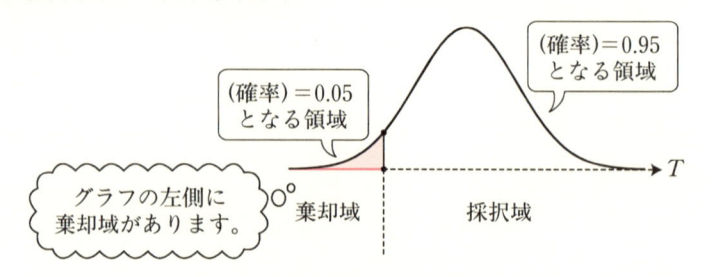

（確率）$= 0.05$ となる領域
（確率）$= 0.95$ となる領域

グラフの左側に棄却域があります。

棄却域　採択域

上のグラフのように採択域と棄却域を設定します。

(a) 実現値 t が採択域に含まれる…

棄却域　採択域 t

帰無仮説 H_0 は採択される

ことになります。

(b) 実現値 t が棄却域に含まれる…

t 棄却域　採択域

帰無仮説 H_0 は棄却される

ことになります。そして，対立仮説 H_1 が採択されます。

☞ ここであることに気づかれたでしょうか。統計的仮説検定では，ある仮定(仮説)をして，その仮定のもとで理論を展開していき，そこに論理的齟齬が，ある確率で生じるならば，仮定を否定するのです。つまり，これは 背理法 に基づく論理展開と同じなのです。

ただ異なるのは，確率に基づいて仮定を否定する点で，この観点から見ると，統計的仮説検定とは 確率付背理法 といえるかもしれません。

LECTURE 17 統計的仮説検定2

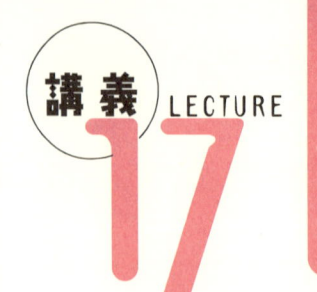

　前回の講義で検定とは何かについての基本を学びましたので、今回は調べたい母数 θ を具体的にして、仮説検定の手順を学びます。その際、役に立つのが統計的推定で用いた、

各確率変数の従う確率分布

です。これらをうまく利用して、実際に統計的仮説検定を行っていくことにしましょう。なお、本講では母集団は正規分布に従うとします。講義11でお話ししたとおり、多くの現象は正規分布に従う(あるいは近似的に従う)と考えられますので、この仮定は妥当なものです。

●母平均 μ の検定

　目的：母平均 μ について知りたい…母平均 μ の検定を行う

　母集団の本当の母平均を μ、データや標本などから予測される母平均を μ_0 とします。

① 条件：母分散 σ^2 の値がわかっているとき：

手順1

帰無仮説 $H_0: \mu = \mu_0$

対立仮説 $H_1: \begin{cases} \mu \neq \mu_0 & (両側検定) \\ \mu_0 < \mu & (右側検定) \\ \mu < \mu_0 & (左側検定) \end{cases}$

有意水準：0.05

をまず設定します。

手順2

　母集団から、サイズ n の標本 $(X_1, X_2, \cdots, X_n)$ を取り出し、標本平均：

$\overline{X} = \dfrac{1}{n}(X_1 + X_2 + \cdots + X_n)$ とおき，新しい確率変数

$$T = \frac{\overline{X} - \mu_0}{\dfrac{\sigma}{\sqrt{n}}}$$

を設定すると，この確率変数 T は，帰無仮説 H_0 が正しい($\mu = \mu_0$)ならば標準正規分布 $N(0,1)$ に従います(講義13，163ページ)．

手順3

(i)対立仮説 $H_1: \mu \neq \mu_0$ のとき：

● 標準正規分布 $N(0,1)$

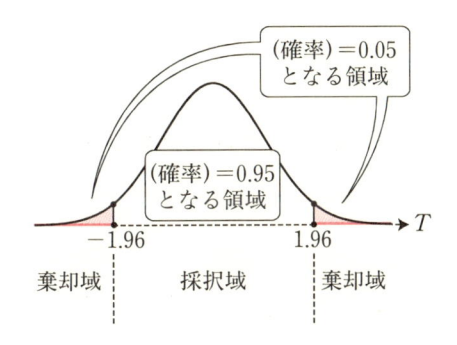

(確率)=0.05 となる領域
(確率)=0.95 となる領域

-1.96　　1.96　→ T

棄却域　採択域　棄却域

(a)実現値 t が採択域に含まれる…

-1.96　ⓣ　1.96
棄却域　採択域　棄却域

帰無仮説 H_0 は採択される

$\mu = \mu_0$ です．

(b)実現値 t が棄却域に含まれる…

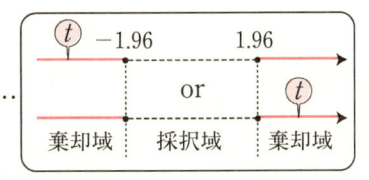

ⓣ　-1.96　　1.96
or
-1.96　　1.96　ⓣ
棄却域　採択域　棄却域

帰無仮説 H_0 は棄却され，対立仮説 H_1 が採択される

$\mu = \mu_0$ です．　　$\mu \neq \mu_0$ です．

(ii)対立仮説 $H_1: \mu_0 < \mu$ のとき：

● 標準正規分布 $N(0,1)$

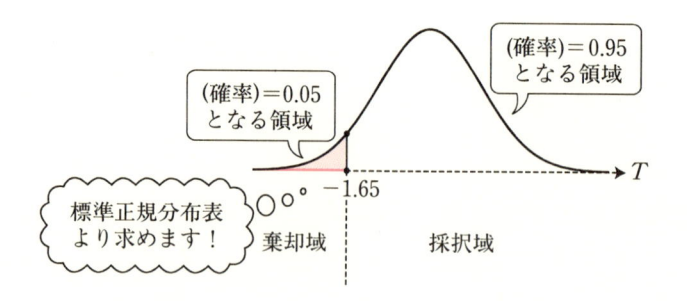

(確率)＝0.95 となる領域
(確率)＝0.05 となる領域
1.65
採択域
棄却域
標準正規分布表より求めます！

(a)実現値 t が採択域に含まれる…

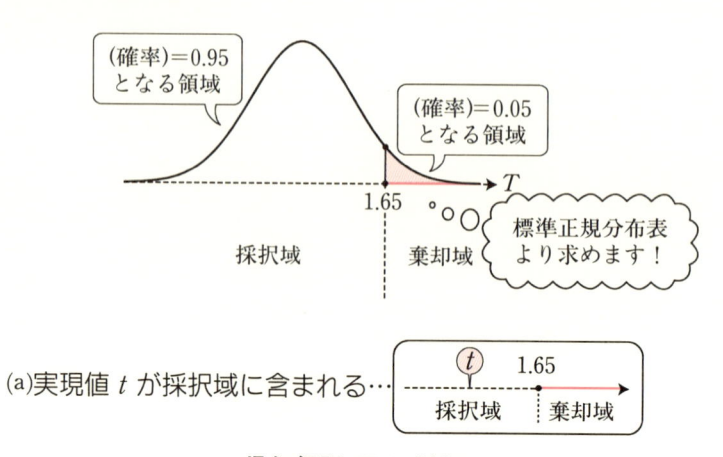

t　1.65
採択域　棄却域

帰無仮説 H_0 は採択される

$\mu = \mu_0$ です。

(b)実現値 t が棄却域に含まれる…

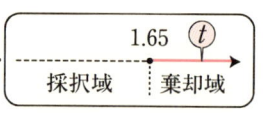

1.65　t
採択域　棄却域

帰無仮説 H_0 は棄却され，対立仮説 H_1 が採択される

$\mu = \mu_0$ です。　　$\mu_0 < \mu$ です。

(iii)対立仮説 $H_1: \mu < \mu_0$ のとき：

● 標準正規分布 $N(0,1)$

(確率)＝0.05 となる領域
(確率)＝0.95 となる領域
-1.65
標準正規分布表より求めます！
棄却域　採択域

(a) 実現値 t が採択域に含まれる…

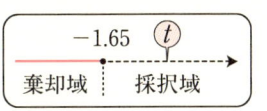

```
      −1.65  ⓣ
  ────────┼────→
   棄却域 │ 採択域
```

帰無仮説 H_0 は採択される

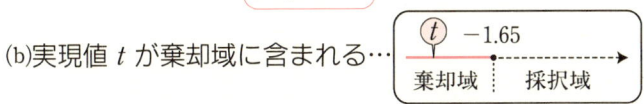

〈$\mu=\mu_0$ です。〉

(b) 実現値 t が棄却域に含まれる…

```
   ⓣ  −1.65
  ────┼────────→
 棄却域 │ 採択域
```

帰無仮説 H_0 は棄却され，対立仮説 H_1 が採択される

〈$\mu=\mu_0$ です。〉   〈$\mu<\mu_0$ です。〉

② 条件：母分散 σ^2 の値がわかっていないとき：

手順1

> 帰無仮説 H_0：$\mu=\mu_0$
>
> 対立仮説 H_1：$\begin{cases} \mu \neq \mu_0 & \text{（両側検定）} \\ \mu_0 < \mu & \text{（右側検定）} \\ \mu < \mu_0 & \text{（左側検定）} \end{cases}$
>
> 有意水準：0.05

をまず設定します。

手順2

母集団から，サイズ n の標本 $(X_1, X_2, \cdots, X_n)$ を取り出し，

$$\begin{cases} \text{標本平均：} \bar{X} = \dfrac{1}{n}(X_1+X_2+\cdots+X_n) \\ \text{不偏分散：} U^2 = \dfrac{1}{n-1}\{(X_1-\bar{X})^2+(X_2-\bar{X})^2+\cdots+(X_n-\bar{X})^2\} \end{cases}$$

とおき，新しい確率変数

$$T = \frac{\bar{X} - \mu_0}{\dfrac{U}{\sqrt{n}}}$$

を設定すると，この確率変数 T は，帰無仮説 H_0 が正しい（$\mu=\mu_0$）ならば自由度 $n-1$ の t 分布に従います（講義15，178ページ）。

手順3

(i) 対立仮説 $H_1: \mu \neq \mu_0$ のとき：

● 自由度 $n-1$ の t 分布

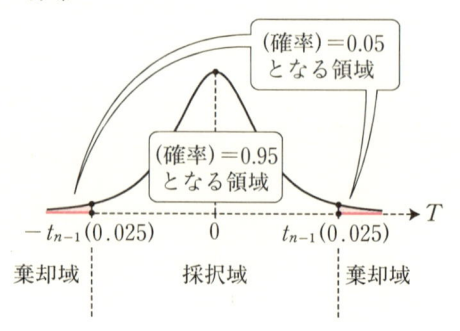

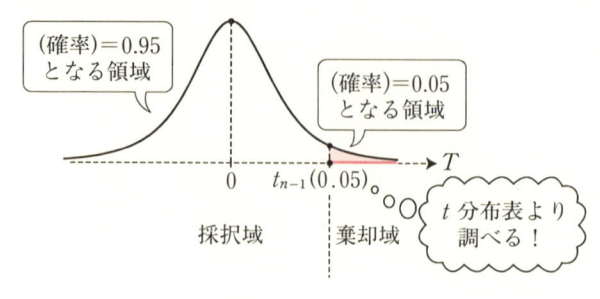

（確率）=0.05 となる領域
（確率）=0.95 となる領域
$-t_{n-1}(0.025)$　0　$t_{n-1}(0.025)$　→ T
棄却域　採択域　棄却域

(a) 実現値 t が採択域に含まれる…

$-t_{n-1}(0.025)$　t　$t_{n-1}(0.025)$
棄却域　採択域　棄却域

帰無仮説 H_0 は採択される

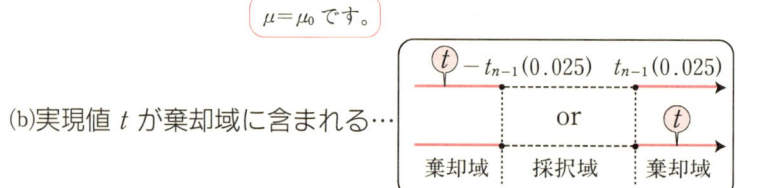

$\mu = \mu_0$ です。

(b) 実現値 t が棄却域に含まれる…

t　$-t_{n-1}(0.025)$　$t_{n-1}(0.025)$
or　t
棄却域　採択域　棄却域

帰無仮説 H_0 は棄却され，対立仮説 H_1 が採択される

$\mu = \mu_0$ です。　$\mu \neq \mu_0$ です。

(ii) 対立仮説 $H_1: \mu_0 < \mu$ のとき：

● 自由度 $n-1$ の t 分布

（確率）=0.95 となる領域
（確率）=0.05 となる領域
0　$t_{n-1}(0.05)$　→ T
採択域　棄却域

t 分布表より調べる！

(a) 実現値 t が採択域に含まれる… | t $t_{n-1}(0.05)$ / 採択域 | 棄却域

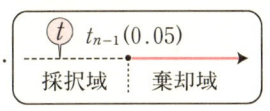

帰無仮説 H_0 は採択される

$\mu = \mu_0$ です。

(b) 実現値 t が棄却域に含まれる… | $t_{n-1}(0.05)$ t / 採択域 | 棄却域

帰無仮説 H_0 は棄却され，対立仮説 H_1 が採択される

$\mu = \mu_0$ です。　　$\mu_0 < \mu$ です。

(iii) 対立仮説 $H_1 : \mu < \mu_0$ のとき：

● 自由度 $n-1$ の t 分布

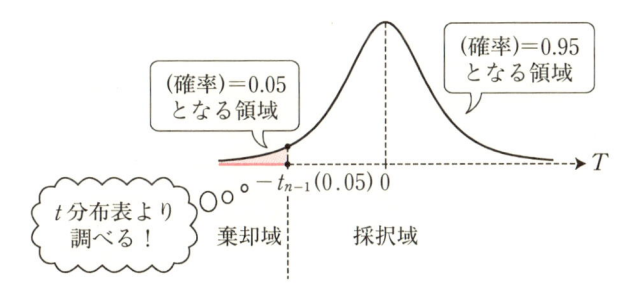

(確率)$=0.05$ となる領域　　(確率)$=0.95$ となる領域

$-t_{n-1}(0.05)$　0　T

t 分布表より調べる！

棄却域　採択域

(a) 実現値 t が採択域に含まれる… | $-t_{n-1}(0.05)$ t / 棄却域 | 採択域

帰無仮説 H_0 は採択される

$\mu = \mu_0$ です。

(b) 実現値 t が棄却域に含まれる… | t $-t_{n-1}(0.05)$ / 棄却域 | 採択域

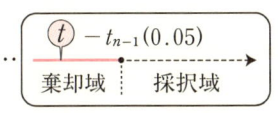

帰無仮説 H_0 は棄却され，対立仮説 H_1 が採択される

$\mu = \mu_0$ です。　　$\mu < \mu_0$ です。

●母分散 σ^2 の検定

目的：母分散 σ^2 について知りたい…母分散 σ^2 の検定を行う

母集団の本当の母分散を σ^2，データや標本などから予測される母分散を σ_0^2 とします。

手順1

$$
\begin{aligned}
&\text{帰無仮説 } H_0: \sigma^2 = \sigma_0^2 \\
&\text{対立仮説 } H_1: \begin{cases} \sigma^2 \neq \sigma_0^2 & \text{(両側検定)} \\ \sigma_0^2 < \sigma^2 & \text{(右側検定)} \\ \sigma^2 < \sigma_0^2 & \text{(左側検定)} \end{cases} \\
&\text{有意水準：} 0.05
\end{aligned}
$$

をまず設定します。

手順2

母集団から，サイズ n の標本 $(X_1, X_2, \cdots, X_n)$ を取り出し，

$$
\begin{cases}
\text{標本平均：} \bar{X} = \dfrac{1}{n}(X_1 + X_2 + \cdots + X_n) \\
\text{標本分散：} S^2 = \dfrac{1}{n}\{(X_1 - \bar{X})^2 + (X_2 - \bar{X})^2 + \cdots + (X_n - \bar{X})^2\}
\end{cases}
$$

とおき，新しい確率変数

$$T = \frac{n \cdot S^2}{\sigma_0^2}$$

を設定すると，この確率変数 T は，帰無仮説 H_0 が正しい ($\sigma = \sigma_0^2$) ならば自由度 $n-1$ の χ^2 分布に従います (講義15，181ページ)。

手順3

(i) 対立仮説 $H_1: \sigma^2 \neq \sigma_0^2$ のとき：

● 自由度 $n-1$ の χ^2 分布

(確率)=0.05 となる領域
(確率)=0.95 となる領域

$0 \quad \chi^2_{n-1}(0.975) \quad \chi^2_{n-1}(0.025) \rightarrow T$

棄却域　採択域　棄却域

χ^2 分布表より調べる！

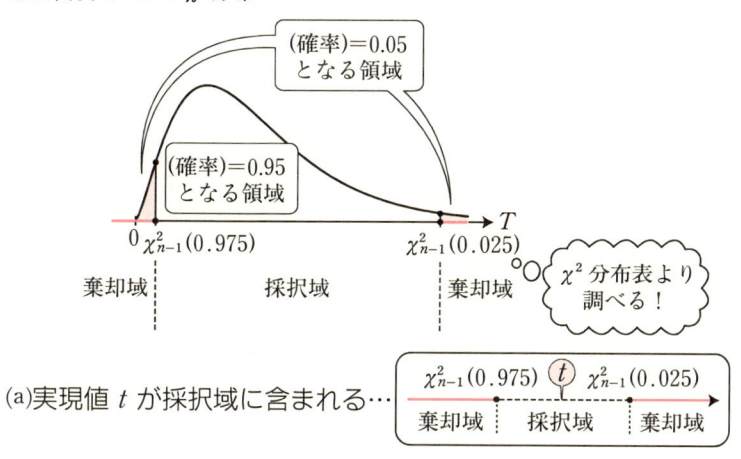

(a) 実現値 t が採択域に含まれる…

$\chi^2_{n-1}(0.975) \quad (t) \quad \chi^2_{n-1}(0.025)$
棄却域　採択域　棄却域

帰無仮説 H_0 は採択される

$\sigma^2 = \sigma_0^2$ です。

(b) 実現値 t が棄却域に含まれる…

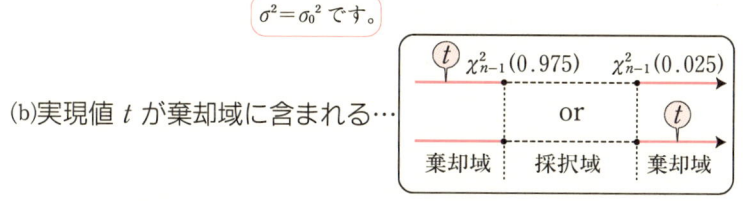

$(t) \quad \chi^2_{n-1}(0.975) \quad \chi^2_{n-1}(0.025)$
or
$\chi^2_{n-1}(0.975) \quad \chi^2_{n-1}(0.025) \quad (t)$
棄却域　採択域　棄却域

帰無仮説 H_0 は棄却され，対立仮説 H_1 が採択される

$\sigma^2 = \sigma_0^2$ です。　$\sigma^2 \neq \sigma_0^2$ です。

(ii) 対立仮説 $H_1: \sigma_0^2 < \sigma^2$ のとき：

● 自由度 $n-1$ の χ^2 分布

(確率)=0.95 となる領域
(確率)=0.05 となる領域

$0 \quad \chi^2_{n-1}(0.05) \rightarrow T$

採択域　棄却域

χ^2 分布表より調べる！

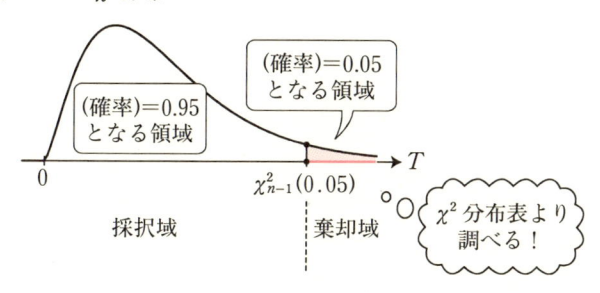

(a)実現値 t が採択域に含まれる… 　$\boxed{\underset{\text{採択域}\;|\;\text{棄却域}}{\overset{t\quad\chi^2_{n-1}(0.05)}{\bullet\!\!-\!\!\!-\!\!\!-\!\!\!\rightarrow}}}$

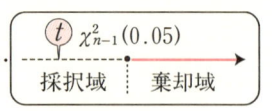

帰無仮説 H_0 は採択される

$\sigma^2=\sigma_0{}^2$ です。

(b)実現値 t が棄却域に含まれる… 　$\boxed{\underset{\text{採択域}\;|\;\text{棄却域}}{\overset{\chi^2_{n-1}(0.05)\quad t}{\bullet\!\!-\!\!\!-\!\!\!\rightarrow}}}$

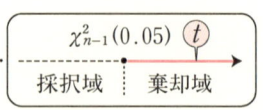

帰無仮説 H_0 は棄却され，対立仮説 H_1 が採択される

$\sigma^2=\sigma_0{}^2$ です。　　$\sigma_0{}^2<\sigma^2$ です。

(iii)対立仮説 $H_1:\sigma^2<\sigma_0{}^2$ のとき：

● 自由度 $n-1$ の χ^2 分布

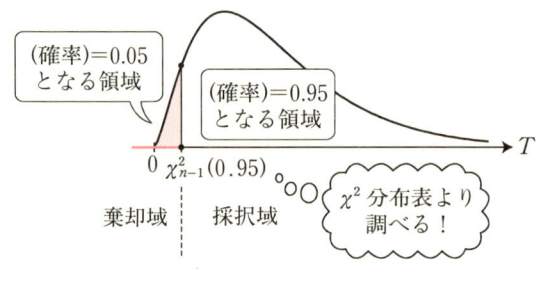

(確率)=0.05 となる領域

(確率)=0.95 となる領域

$0\quad\chi^2_{n-1}(0.95)$

棄却域　採択域

χ^2 分布表より調べる！

(a)実現値 t が採択域に含まれる… 　$\boxed{\underset{\text{棄却域}\;|\;\text{採択域}}{\overset{\chi^2_{n-1}(0.95)\quad t}{\bullet\!\!-\!\!\!-\!\!\!\rightarrow}}}$

帰無仮説 H_0 は採択される

$\sigma^2=\sigma_0{}^2$ です。

(b)実現値 t が棄却域に含まれる… 　$\boxed{\underset{\text{棄却域}\;|\;\text{採択域}}{\overset{t\quad\chi^2_{n-1}(0.95)}{\bullet\!\!-\!\!\!-\!\!\!\rightarrow}}}$

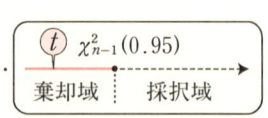

帰無仮説 H_0 は棄却され，対立仮説 H_1 が採択される

$\sigma^2=\sigma_0{}^2$ です。　　$\sigma^2<\sigma_0{}^2$ です。

●母比率 p の検定

目的：母比率 p について知りたい…母比率 p の検定を行う

母集団の本当の母比率を p，データや標本などから予測される母比率を p_0 とします。

手順1

> 帰無仮説 H_0：$p = p_0$
>
> 対立仮説 H_1：$\begin{cases} p \neq p_0 & \text{(両側検定)} \\ p_0 < p & \text{(右側検定)} \\ p < p_0 & \text{(左側検定)} \end{cases}$
>
> 有意水準：0.05

と設定します。

手順2

母集団から取り出した標本に基づく標本比率を $\bar{p}$ とおき，新しい確率変数

$$T = \frac{\bar{p} - p_0}{\sqrt{\dfrac{p_0(1-p_0)}{n}}}$$

を設定すると，この確率変数 T は，帰無仮説 H_0 が正しい($p=p_0$)ならば近似的に標準正規分布 $N(0,1)$ に従います(講義15，184ページ)。

手順3

後は母平均 μ の検定(母分散の値がわかっている場合)のときと同じように，標準正規分布 $N(0,1)$ のグラフを用いて検定すればよいわけです。

それでは最後に実際的な問題を解くことで検定の具体的手順を学び，本書の締め括りとします。

> **演習問題 17-1** あるプロバイダーの会社が，会員の1日当たりのネット使用時間の平均 μ を調べようとしている。1万人の会員から無作為に 10 人を選び出し，ネット使用時間のアンケートに答えてもらったところ，
>
>   100　30　70　60　150　10　20　90　60　120　（単位：分）
>
> となった。会社側は使用時間の平均 $\mu=100$（分）と考えていたが，最近，違うのではないかと考えている。そこで，これで正しいのか $\mu_0=100$ として仮説検定を行うことにした。
>
> $$\begin{cases} \text{・帰無仮説 } H_0：\mu=\mu_0=100 \\ \text{・対立仮説 } H_1：\mu \neq \mu_0=100 \quad \text{（両側検定）} \\ \text{・有意水準 } \alpha=0.05 \end{cases}$$
>
> で考える。ただし，ネット使用時間は分散 $\sigma^2=50^2$ とわかっているとする。この条件で検定を行え。

解答&解説

帰無仮説 $H_0：\mu=\mu_0=100$ が正しいとして話を進めていく。

サイズ 10 の標本 $(100,30,70,60,150,10,20,90,60,120)$ において，

標本平均：$\overline{x}=\dfrac{1}{10}(100+30+70+60+150+10+20+90+60+120)$

$\qquad\qquad =71$

となるので，新しい確率変数 $T=\dfrac{\overline{X}-\mu_0}{\dfrac{\sigma}{\sqrt{n}}}$ に対し，実現値 t は

$$t=\dfrac{\overline{x}-\mu_0}{\dfrac{\sigma}{\sqrt{n}}}=\dfrac{71-100}{\dfrac{50}{\sqrt{10}}}\fallingdotseq -1.83$$

である。またこの確率変数 T は，帰無仮説 H_0 が正しい $(\mu=\mu_0)$ ならば標準正規分布 $N(0,1)$ に従う。

両側検定を行うので，

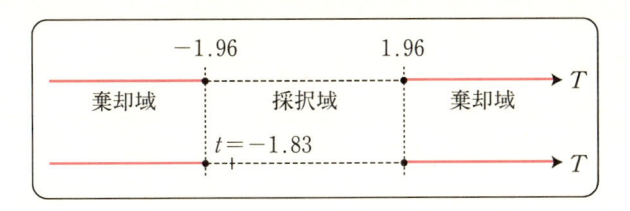

$$\begin{array}{c}\hline \text{棄却域} \quad \overset{-1.96}{\bullet} \quad \text{採択域} \quad \overset{1.96}{\bullet} \quad \text{棄却域} \longrightarrow T \\ t=-1.83 \longrightarrow T\end{array}$$

となり，実現値 $t=-1.83$ は採択域に含まれるので，

　　　　　帰無仮説 $H_0: \mu=100$ は採択される。 ……(答)

演習問題 17-2 あるプロバイダーの会社が，会員の1日当たりのネット使用時間の平均 μ を調べようとしている。1万人の会員から無作為に10人を選び出し，ネット使用時間のアンケートに答えてもらったところ，

100 30 70 60 150 10 20 90 60 120 （単位：分）

となった。会社側は使用時間の平均 $\mu=100$（分）と考えていたが，最近，違うのではないかと考えている。そこで，これで正しいのか $\mu_0=100$ として仮説検定を行うことにした。

$$\begin{cases} \cdot \text{帰無仮説 } H_0: \mu=\mu_0=100 \\ \cdot \text{対立仮説 } H_1: \mu \neq \mu_0=100 \quad \text{（両側検定）} \\ \cdot \text{有意水準 } \alpha=0.05 \end{cases}$$

で考える。ただし，母集団の分散はわかっていないとする。この条件で検定を行え。

解答 & 解説

帰無仮説 $H_0: \mu=\mu_0=100$ が正しいとして話を進めていく。

サイズ 10 の標本 $(100, 30, 70, 60, 150, 10, 20, 90, 60, 120)$ において，

$$\begin{cases} \text{標本平均}: \bar{x} = \dfrac{1}{10}(100+30+70+60+150+10+20+90+60+120) \\ \qquad\qquad\quad = 71 \\ \text{不偏分散}: u^2 = \dfrac{1}{10-1}\{(100-71)^2+(30-71)^2+(70-71)^2+(60-71)^2 \\ \qquad\qquad\qquad\qquad + (150-71)^2+(10-71)^2+(20-71)^2 \\ \qquad\qquad\qquad\qquad + (90-71)^2+(60-71)^2+(120-71)^2\} \\ \qquad\qquad\quad = 2010 \end{cases}$$

となるので，新しい確率変数 $T = \dfrac{\bar{X}-\mu_0}{\frac{U}{\sqrt{n}}}$ に対し，実現値 t は

$$t = \dfrac{\bar{x}-\mu_0}{\frac{u}{\sqrt{n}}} = \dfrac{71-100}{\frac{\sqrt{2010}}{\sqrt{10}}} \fallingdotseq -2.05$$

である．またこの確率変数 T は，帰無仮説 H_0 が正しい $(\mu=\mu_0)$ ならば自由度 $10-1(=9)$ の t 分布に従う．

両側検定を行うので，$t_{10-1}(0.025)$ の値を t 分布のパーセント点表から求める．

自由度 \ α	0.100	0.050	0.025	0.010	0.005
1	3.078	6.314	12.706	31.821	63.657
2	1.886	2.920	4.303	6.965	9.925
3	1.638	2.353	3.182	4.541	5.841
4	1.533	2.132	2.776	3.747	4.604
5	1.476	2.015	2.571	3.365	4.032
6	1.440	1.943	2.447	3.143	3.707
7	1.415	1.895	2.365	2.998	3.499
8	1.397	1.860	2.306	2.896	3.355
9	1.383	1.833	2.262	2.821	3.250
10	1.372	1.812	2.228	2.764	3.169
11	1.363	1.796	2.201	2.718	3.106
12	1.356	1.782	2.179	2.681	3.055
13	1.350	1.771	2.160	2.650	3.012
14	1.345	1.761	2.145	2.624	2.977
15	1.341	1.753	2.131	2.602	2.947
16	1.337	1.746	2.120	2.583	2.921
17	1.333	1.740	2.110	2.567	2.898
18	1.330	1.734	2.101	2.552	2.878
19	1.328	1.729	2.093	2.539	2.861
20	1.325	1.725	2.086	2.528	2.845
21	1.323	1.721	2.080	2.518	2.831
22	1.321	1.717	2.074	2.508	2.819
23	1.319	1.714	2.069	2.500	2.807
24	1.318	1.711	2.064	2.492	2.797
25	1.316	1.708	2.060	2.485	2.787
26	1.315	1.706	2.056	2.479	2.779
27	1.314	1.703	2.052	2.473	2.771
28	1.313	1.701	2.048	2.467	2.763
29	1.311	1.699	2.045	2.462	2.756
30	1.310	1.697	2.042	2.457	2.750
31	1.309	1.696	2.040	2.453	2.744
32	1.309	1.694	2.037	2.449	2.738
33	1.308	1.692	2.035	2.445	2.733
34	1.307	1.691	2.032	2.441	2.728
35	1.306	1.690	2.030	2.438	2.724
40	1.303	1.684	2.021	2.423	2.704
60	1.296	1.671	2.000	2.390	2.660
120	1.289	1.658	1.980	2.358	2.617
∞	1.282	1.645	1.960	2.326	2.576

表より，$t_9(0.025)=2.262$ となるので，

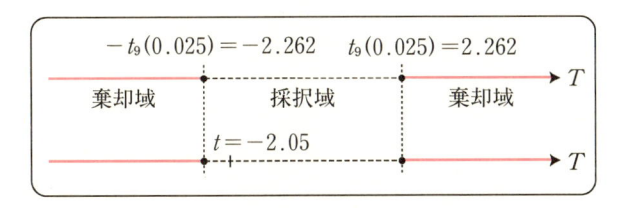

$$-t_9(0.025)=-2.262 \qquad t_9(0.025)=2.262$$

棄却域 ｜ 採択域 ｜ 棄却域

$t=-2.05$

となり，実現値 $t=-2.05$ は採択域に含まれるので，

　　　　　帰無仮説 $H_0 : \mu=100$ は採択される．……（答）

実習問題 17-1

あるプロバイダーの会社が，会員の1日当たりのネット使用時間の分散 σ^2 を調べようとしている。1万人の会員から無作為に10人を選び出し，ネット使用時間のアンケートに答えてもらったところ，

100　30　70　60　150　10　20　90　60　120　（単位：分）

となった。会社側は使用時間の分散 $\sigma^2=100^2$ と考えていたが，最近，もっと小さいのではないかと考えている。そこで，これで正しいのか $\sigma_0^2=100^2$ として仮説検定を行うことにした。

$$\begin{cases} \cdot 帰無仮説\ H_0: \sigma^2=\sigma_0^2=100^2 \\ \cdot 対立仮説\ H_1: \sigma^2<\sigma_0^2=100^2 \quad （左側検定） \\ \cdot 有意水準\ \alpha=0.05 \end{cases}$$

で考える。この条件で検定を行え。

解答&解説

帰無仮説 $H_0: \sigma^2=\sigma_0^2=100^2$ が正しいとして話を進めていく。

サイズ10の標本 $(100, 30, 70, 60, 150, 10, 20, 90, 60, 120)$ において，

$$\begin{cases} 標本平均: \bar{x}=\dfrac{1}{10}(100+30+70+60+150+10+20+90+60+120) \\ \qquad\qquad =71 \\ 標本分散: s^2=\dfrac{1}{10}\{(100-71)^2+(30-71)^2+(70-71)^2+(60-71)^2 \\ \qquad\qquad\quad +(150-71)^2+(10-71)^2+(20-71)^2 \\ \qquad\qquad\quad +(90-71)^2+(60-71)^2+(120-71)^2\} \\ \qquad\qquad =1809 \end{cases}$$

となるので，新しい確率変数 $T=\dfrac{n\cdot S^2}{\sigma_0^2}$ に対し，実現値 t は

$$t=\dfrac{n\cdot s^2}{\sigma_0^2}=\dfrac{10\cdot 1809}{100^2}=\boxed{\text{(a)}}$$

である。またこの確率変数 T は，帰無仮説 H_0 が正しい（$\sigma^2=\sigma_0^2$）ならば自由度 $10-1(=9)$ の χ^2 分布に従う。

左側検定を行うので，$\chi^2_{10-1}(0.95)$ の値を，χ^2 分布のパーセント点表か

ら求める。

自由度 α	0.995	0.990	0.975	0.950	0.500	0.050	0.025	0.010	0.005
1	0.0⁴39	0.0³16	0.0²98	0.004	0.455	3.84	5.02	6.63	7.88
2	0.010	0.020	0.051	0.103	1.386	5.99	7.38	9.21	10.60
3	0.072	0.115	0.216	0.352	2.366	7.81	9.35	11.34	12.84
4	0.207	0.297	0.484	0.711	3.357	9.49	11.14	13.28	14.86
5	0.412	0.554	0.831	1.145	4.351	11.07	12.83	15.08	16.75
6	0.676	0.872	1.237	1.635	5.348	12.59	14.45	16.81	18.55
7	0.989	1.239	1.690	2.17	6.346	14.07	16.01	18.48	20.3
8	1.344	1.646	2.18	2.73	7.344	15.51	17.53	20.1	22.0
9	1.736	2.09	2.70	3.33	8.343	16.92	19.02	21.7	23.6
10	2.16	2.56	3.25	3.94	9.342	18.31	20.5	23.2	25.2
11	2.60	3.05	3.82	4.57	10.34	19.68	21.9	24.7	26.7
12	3.07	3.57	4.40	5.23	11.34	21.0	23.3	26.2	28.3
13	3.57	4.11	5.01	5.89	12.34	22.4	24.7	27.7	29.8
14	4.07	4.66	5.63	6.57	13.34	23.7	26.1	29.1	31.3
15	4.60	5.23	6.26	7.26	14.34	25.0	27.5	30.6	32.8
16	5.14	5.81	6.91	7.96	15.34	26.3	28.8	32.0	34.3
17	5.70	6.41	7.56	8.67	16.34	27.6	30.2	33.4	35.7
18	6.26	7.01	8.23	9.39	17.34	28.9	31.5	34.8	37.2
19	6.84	7.63	8.91	10.12	18.34	30.1	32.9	36.2	38.6
20	7.43	8.26	9.59	10.85	19.34	31.4	34.2	37.6	40.0
21	8.03	8.90	10.28	11.59	20.34	32.7	35.5	38.9	41.4
22	8.64	9.54	10.98	12.34	21.34	33.9	36.8	40.3	42.8
23	9.26	10.20	11.69	13.09	22.34	35.2	38.1	41.6	44.2
24	9.89	10.86	12.40	13.85	23.34	36.4	39.4	43.0	45.6
25	10.52	11.52	13.12	14.61	24.34	37.7	40.6	44.3	46.9
26	11.16	12.20	13.84	15.38	25.34	38.9	41.9	45.6	48.3
27	11.81	12.88	14.57	16.15	26.34	40.1	43.2	47.0	49.6
28	12.46	13.56	15.31	16.93	27.34	41.3	44.5	48.3	51.0
29	13.12	14.26	16.05	17.71	28.34	42.6	45.7	49.6	52.3
30	13.79	14.95	16.79	18.49	29.34	43.8	47.0	50.9	53.7
40	20.7	22.2	24.4	26.5	39.34	55.8	59.3	63.7	66.8
60	35.7	37.5	40.5	43.2	59.33	79.1	83.3	88.4	92.0
120	83.9	86.9	91.6	95.7	119.3	146.6	152.2	159.0	163.6
240	187.3	192.0	199.0	205.1	239.3	277.1	284.8	293.9	300.2

表より，$\chi_9^2(0.95) = $ (b) となるので，

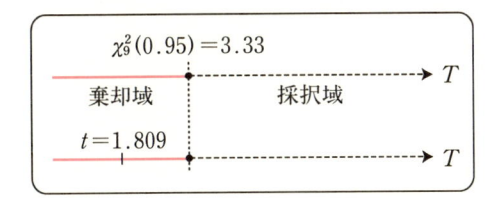

$$\chi_9^2(0.95) = 3.33$$

棄却域 | 採択域 → T

$t = 1.809$ → T

となり，実現値 $t = 1.809$ は棄却域に含まれるので，

$\quad\quad$ 帰無仮説 $H_0 : \sigma^2 = 100^2$ は棄却され，

$\quad\quad$ 対立仮説 $H_1 : \sigma^2 < 100^2$ が採択される。 ……（答）

....

(a) 1.809　(b) 3.33

実習問題 17-2

あるプロバイダーの会社が，会員の1日当たりのネット使用時間の割合（母比率 p）を調べようとしている。1万人の会員から無作為に10人を選び出し，ネット使用時間のアンケートに答えてもらったところ，

100　30　70　60　150　10　20　90　60　120　（単位：分）

となった。会社側は使用時間が100分以上の割合を20%と考えていたが，最近，もっと多いのではないかと考えている。そこで，これで正しいのか $p_0=0.2$ として仮説検定を行うことにした。

$$\begin{cases} \cdot 帰無仮説\ H_0 : p=p_0=0.2 \\ \cdot 対立仮説\ H_1 : 0.2=p_0<p \quad （右側検定） \\ \cdot 有意水準\ \alpha=0.05 \end{cases}$$

で考える。この条件で検定を行え。

解答 & 解説

帰無仮説 $H_0 : p=p_0=0.2$ が正しいとして話を進めていく。

サイズ10の標本 $(100, 30, 70, 60, 150, 10, 20, 90, 60, 120)$ において，100以上の標本は

$$100, 150, 120$$

の3つ。よって

$$標本比率\ \bar{p}=\frac{3}{10}=\boxed{\text{(a)}}$$

となるので，新しい確率変数 $T=\dfrac{\bar{p}-p_0}{\sqrt{\dfrac{p_0(1-p_0)}{n}}}$ に対し，実現値 t は

$$t=\frac{\bar{p}-p_0}{\sqrt{\dfrac{p_0(1-p_0)}{n}}}=\boxed{\text{(b)}}\fallingdotseq 0.79$$

である。またこの確率変数 T は，帰無仮説 H_0 が正しい（$p=p_0$）ならば近似的に標準正規分布 $N(0,1)$ に従う。

右側検定を行うので，

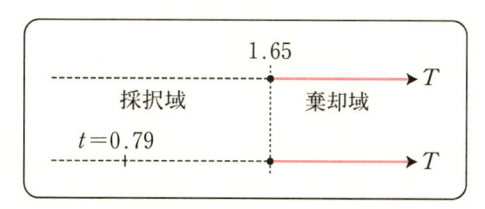

```
              1.65
  ---------------•——————→ T
     採択域    |  棄却域
       t=0.79  |
  ---------------•——————→ T
```

となり，実現値 $t=0.79$ は採択域に含まれるので，

帰無仮説 $H_0 : p=0.2$ は採択される。 ……(答)

....

(a) 0.3 (b) $\dfrac{0.3-0.2}{\sqrt{\dfrac{0.2(1-0.2)}{10}}}$

参 考 文 献

[1] 脇本和昌『統計学——見方・考え方——』(日本評論社, 1984年)
[2] 小寺平治『ゼロから学ぶ統計解析』(講談社, 2002年)
[3] 和達三樹・十河清『キーポイント 確率・統計』(岩波書店, 1993年)
[4] 石村園子『すぐわかる確率・統計』(東京図書, 2001年)
[5] 宮川公男『基本統計学(第3版)』(有斐閣, 1999年)
[6] 馬場敬之・久池井茂『スバラシク実力がつくと評判の確率統計キャンパス・ゼミ』(マセマ出版社, 2003年)
[7] 安藤洋美・門脇光也『初学者のための統計教室』(現代数学社, 2004年)

索引
INDEX

ア
一様分布 90
上側信頼限界 171

カ
回帰直線 58,72
階級 9
階級値 9
カイ二乗(χ^2)分布 149
ガウス分布 132
確率 77
確率関数 90
確率分布 79,90
確率分布表 79
確率変数の独立 125
確率密度関数 110
片側検定 194
棄却 193
　——域 193,196
危険率 192
期待値 80,83
帰無仮説 192
共分散 35
区間推定 170,190
検定 190
　——の手順 194

サ
最小2乗法 68
採択 193
　——域 193,196
最頻値(モード) 21
散布図 40
自然対数の底 e の定義式 104

下側信頼限界 171
実現値 159,164
実数の稠密性 108
信頼区間 170
　95 パーセント—— 170
　99 パーセント—— 170
信頼係数 170
信頼限界 171
推定値 165
　母数 θ の—— 165
推定量 164
スタージェスの公式 11
正規分布 133
相関 40
相関係数 r 41,48
　——の計算式 52,54
相関図 40
相対度数 10

タ
第一種の誤り 193
大数の法則 128
第二種の誤り 193
対立仮説 192
チェビシェフの不等式 118
中央値(メディアン) 20
中心極限定理 163
点推定 164,190
点と直線の距離の公式 61
点と直線の距離の定義 60
統計的推定 156
統計量 164
同時確率関数の定義(離散型確率変数) 122
同時確率密度関数の定義(連続型確率変数) 124
度数 9
度数分布多角形 16
度数分布表 10

ナ

二項係数　93, 94
二項定理　94
二項分布　92
　　──の期待値・分散　98

ハ

ヒストグラム　16
左側検定　194
非復元抽出　157
標準正規分布　137
標準正規分布表　138
標準偏差　30
標本分散　160
標本平均　160
復元抽出　157
不偏推定量　165
不偏分散　160
分散　27
平均値　18, 80
ベルヌーイ試行　92
変量　8
ポアソン分布　102
　　──の期待値・分散　102
母集団　157
母数　161
母比率　161
　　──p の区間推定　183
　　──p の検定　209
母分散　161
　　──σ^2 の区間推定　180
　　──σ^2 の検定　206
母平均　161
　　──μ の区間推定　172
　　──μ の検定　200

マ・ヤ

右側検定　194
メディアン(中央値)　20
モード(最頻値)　21

有意水準　192

ラ

ラプラスの定理　141, 183
離散型確率変数　78
　　──の期待値・分散の性質　86
離散変量　8
両側検定　194
累積相対度数　10
累積度数　9
累積分布関数　114
　　──の性質　115
連続型確率変数　109
　　──の確率の定義　113
　　──の期待値・分散　116
　　──の期待値・分散の性質　117
連続変量　8

欧文

χ^2(カイ二乗)分布　149
　　──の性質　150, 180
　　──のパーセント点表　151
　　自由度 n の──　149
F 分布　152
　　──の性質　153
　　──の 2.5 パーセント点表　154
　　──の 5 パーセント点表　155
　　自由度 (m, n) の──　152
t 分布　146
　　──のパーセント点表　148
　　自由度 n の──　146

著者紹介
西岡康夫(にしおかやすお)

1979年	東京大学卒業
1986-99年	駿台予備学校数学科講師
1994年-	日本教育フォーラム・パートナー
1999年-	代々木ゼミナール数学科講師

NDC 417 220 p 21 cm

単位が取れるシリーズ
単位が取れる統計ノート(たんいがとれるとうけい)

2004年12月 1日 第1刷発行
2006年 1月20日 第3刷発行

著 者	西岡康夫(にしおかやすお)
発行者	野間佐和子
発行所	株式会社 講談社
	〒112-8001 東京都文京区音羽2-12-21
	販売部 (03)5395-3625
	業務部 (03)5395-3615
編 集	株式会社 講談社サイエンティフィク
	代表 佐々木良輔
	〒162-0814 東京都新宿区新小川町9-25 日商ビル
	編集部 (03)3235-3701
印刷所	豊国印刷株式会社
製本所	株式会社国宝社

落丁本・乱丁本は、購入書店名を明記のうえ、講談社業務部宛にお送りください。送料小社負担にてお取り替えします。
なお、この本の内容についてのお問い合わせは講談社サイエンティフィク編集部宛にお願いいたします。
定価はカバーに表示してあります。

© Yasuo Nishioka, 2004

JCLS 〈(株)日本著作出版権管理システム委託出版物〉
本書の無断複写は著作権法上での例外を除き禁じられています。複写される場合は、その都度事前に(株)日本著作出版権管理システム (電話 03-3817-5670、FAX 03-3815-8199) の許諾を得てください。

Printed in Japan
ISBN4-06-154457-8

講談社の自然科学書

やさしい、くわしい、だからなっとく!!
なっとくシリーズ

難解な原理を平易に説くことにかけては定評のある著者たちによる、ホントがわかる科学の諸原理

なっとくする 微積分
中島 匠一・著
A5・206頁・定価2,835円

数式暗記に疲れた脳をじっくりと揉みほぐす。積分は微分より難しい？ 公式は多く知っている方がいい？ 必ずしもそうではないと言う著者がその理由をたっぷり語る。公式知らずがバレない法など、お得な話も紹介。

なっとくする 行列・ベクトル
川久保 勝夫・著
A5・252頁・定価2,835円

行列とベクトル、すなわち線形代数の基本的エッセンスを、平易かつビジュアルにわからせようと努力した本。とくに、論理の積み上げと図解の仕方が、本書の「ウリ」となっている。

なっとくする 演習・行列ベクトル
牛瀧 文宏・著
A5・270頁・定価2,835円

こんなことを習って何に役立つのだろう？といった疑問を払拭する実際的で生き生きとした良問ばかりを集めた。平易明快で、誰にでも親しめる線形代数の演習問題集。

なっとくする 統計
森 真／田中 ゆかり・著
A5・254頁・定価2,835円

理論と経験則を正しく知って基礎を固める。統計は数字のトリックではない。頭ごなしにやり方を伝えるマニュアル的書籍では学べない背景、信頼していい程度などを豊富な例から無理なく学ぶ、読める入門書。

なっとくする 微分方程式
小寺 平治・著
A5・262頁・定価2,835円

理工系学生に必須の数学的道具である微分方程式を、かんでふくめるように平易に解説する。一歩一歩、読者とともに微分方程式の山へと登る気持ちで読む。平易にして、しかも本質をはずさない好著。

なっとくする 数学記号
黒木 哲徳・著
A5・254頁・定価2,835円

サッと引けサクッとわかる数学の記号の事典。数学や物理を勉強していて、見たことのない記号に出会ってしまったときに役に立つ数学記号事典。読むだけでためになる話題が盛りだくさんの理系学生必携の書。

定価は税込み(5%)です。定価は変更することがあります。　　　　　「2005年12月20日現在」

講談社サイエンティフィク　http://www.kspub.co.jp/

講談社の自然科学書

ゼロから学ぶシリーズ
千里の道も最初の一歩から!

なっとくの弟分のゼロからシリーズ。概念のおさらいはもちろん、高校では習わない新しい概念をとにかくやさしく、しっかりと、面白く学べる本。

ゼロから学ぶ 微分積分
小島 寛之・著
A5・222頁・定価2,625円

微分積分の「ゆりかごから大学まで」を学ぶ本。数学科と経済学科を修了した著者が贈る。微分積分の本質をつかむための絶好の入門書。物理・経済の実例も豊富。数式だけで終わらせない。

ゼロから学ぶ 線形代数
小島 寛之・著
A5・230頁・定価2,625円

線形代数のイメージを大変革。どんどん削られていく高校での数学の授業内容をカバーする、線形代数の意味と面白さをゼロから学ぶためのアイディアを盛りこみわかりやすく解説した。

ゼロから学ぶ 統計解析
小寺 平治・著
A5・222頁・定価2,625円

あの参考書で有名な平治親分が統計のつまずきどころをゼロからズバリとわかりやすく説明する。網羅的な取り扱いをやめ、つまずきどころを徹底的に洗い出した。

ゼロから学ぶ ベクトル解析
西野 友年・著
A5・214頁・定価2,625円

ベクトル解析ってこんなにおもろいんかー。「この本って、ほんとにおもろいんですかあ?」「ほんまにおもろいよ。読んでみたらわかるで。ほんまの基礎から外積、ガウスの定理までおもろく解説してるで」

ゼロから学ぶ 数学の1,2,3
算数から微積分まで
瀬山 士郎・著　A5・224頁・定価2,625円

数学はこんなに面白かったのか!苦しかった高校の数学も、離れてみればなにか物悲しいもの。高校生が知らない高校数学の面白さを伝える目からウロコの一冊。

ゼロから学ぶ 数学の4,5,6
入門! 線形代数
瀬山 士郎・著　A5・220頁・定価2,625円

数学を学びたい。そんな気持ちにこたえます。数学を復習しなくては! or 数学をやりたい!という人向けの数学シリーズ! 中学程度の数学から、高校の数学をおもしろく解説。会話入り。大学の数学にも踏み込む。

定価は税込み(5%)です。定価は変更することがあります。　　「2005年12月20日現在」

講談社サイエンティフィク　http://www.kspub.co.jp/

これで単位は落とさない！
単位が取れる シリーズ

- 大学受験界の超人気講師が執筆！
- 明快なので高校で勉強しなくてもOK！
- ノートをとる手間を省いてくれる！
- 実際の試験問題に即した問題を収録！
- 穴埋め式の実習問題でパワーアップ！
- 最少の労力・最短の時間で単位を取得！
- 持ち込み可の試験はこの一冊にお任せ！

単位が取れる 微積ノート
馬場 敬之・著　　A5・205頁・定価2,520円（税込）

大学受験界の大御所・馬場敬之先生が大学生に贈る、新感覚の学習参考書。「板書するのって、面倒くさい…」「試験対策用の参考書が欲しい…」そんなあなたにお薦めする一冊。もうノートのコピーは、いりません。

単位が取れる 線形代数ノート
齋藤 寛靖・著　　A5・190頁・定価2,100円（税込）

予備校きっての人気講師・齋藤寛靖先生が、線形代数のもつれた糸を解きほぐす。いらない証明や役立たずな定理はばっさり省略し、本当に必要な要点だけを明快に詳説。本書で勉強すれば試験で差がつくこと請け合いである。

単位が取れる 統計ノート
西岡 康夫・著　　A5・220頁・定価2,520円（税込）

受験数学界の泰斗・西岡康夫先生が満を持して解き放つ最高の学習参考書！ ビデオの売り上げなど、大学生に身近なデータを駆使し、統計に親しみが持てるよう工夫した。統計のエッセンスが凝縮された大学生必携の一冊。

単位が取れる 力学ノート
橋元 淳一郎・著　　A5・189頁・定価2,520円（税込）

大学生のための参考書、ついに登場！ 力学の試験に必要な知識をコンパクトにまとめ、また頻出する問題を厳選しました。これを超人気講師、橋元淳一郎先生がていねいに解説します。力学の単位はこの一冊にお任せ！

単位が取れる 電磁気学ノート
橋元 淳一郎・著　　A5・238頁・定価2,730円（税込）

あの『単位が取れる 力学ノート』の著者・橋元淳一郎先生が贈る、大学生向け試験対策本の第2弾。無闇に暗記をしても試験で点数はとれません。要所をきちんとおさえ、効率的に電磁気学を勉強したいアナタに。

単位が取れる 量子力学ノート
橋元 淳一郎・著　　A5・270頁・定価2,940円（税込）

大学生待望の橋元流物理学に第3弾登場！ 予備校の人気講師にして著名なSF作家、そして科学解説のエキスパートである橋元淳一郎先生が、今度は量子力学の謎を解き明かす。最高級の知的興奮をアナタに。

単位が取れる 熱力学ノート
橋元 淳一郎・著　　A5・204頁・定価2,520円（税込）

大学生待望の橋元流物理学もいよいよ第4弾。懇切ていねいな解説は、熱力学の本質を直感させてくれます。そして豊富なイラストは、確実な理解をしっかりサポート。こころ踊る知的冒険の旅が、いま、はじまる！

単位が取れる 有機化学ノート
小川 裕司・著　　A5・222頁・定価2,730円（税込）

有機化学でお悩み中の大学生に朗報。有機化学の単位を取りたい大学生のために、受験界の著名講師が試験に頻出する単元を整理し、達意の文章で解説する。有機化学の試験対策はこの一冊で決まり！

単位が取れる 量子化学ノート
福間 智人・著　　A5・190頁・定価2,520円（税込）

受験生に大人気の有名講師・福間智人先生が大学生のために特別講義！ その洗練された解説はあくまで軽快、その読後感はあくまで爽快。読者にストレスを感じさせない鮮やかでスッキリとした量子化学入門書！

定価は税込み（5%）です。定価は変更することがあります。

「2006年1月10日現在」

講談社サイエンティフィク　http://www.kspub.co.jp/